研究堆设计和运行中的
辐射防护和放射性废物管理

国际原子能机构成员国

阿富汗
阿尔巴尼亚
阿尔及利亚
安哥拉
安提瓜和巴布达
阿根廷
亚美尼亚
澳大利亚
奥地利
阿塞拜疆
巴哈马
巴林
孟加拉国
巴巴多斯
白罗斯
比利时
伯利兹
贝宁
多民族玻利维亚国
波斯尼亚和黑塞哥维那
博茨瓦纳
巴西
文莱达鲁萨兰国
保加利亚
布基纳法索
布隆迪
佛得角
柬埔寨
喀麦隆
加拿大
中非共和国
乍得
智利
中国
哥伦比亚
科摩罗
刚果
库克群岛
哥斯达黎加
科特迪瓦
克罗地亚
古巴
塞浦路斯
捷克共和国
刚果民主共和国
丹麦
吉布提
多米尼克
多米尼加共和国
厄瓜多尔
埃及
萨尔瓦多
厄立特里亚
爱沙尼亚
斯威士兰
埃塞俄比亚
斐济
芬兰
法国
加蓬
冈比亚
格鲁吉亚
德国
加纳
希腊
格林纳达
危地马拉
几内亚
圭亚那
海地
教廷
洪都拉斯
匈牙利
冰岛
印度
印度尼西亚
伊朗伊斯兰共和国
伊拉克
爱尔兰
以色列
意大利
牙买加
日本
约旦
哈萨克斯坦
肯尼亚
大韩民国
科威特
吉尔吉斯斯坦
老挝人民民主共和国
拉脱维亚
黎巴嫩
莱索托
利比里亚
利比亚
列支敦士登
立陶宛
卢森堡
马达加斯加
马拉维
马来西亚
马里
马耳他
马绍尔群岛
毛里塔尼亚
毛里求斯
墨西哥
摩纳哥
蒙古
黑山
摩洛哥
莫桑比克
缅甸
纳米比亚
尼泊尔
荷兰王国
新西兰
尼加拉瓜
尼日尔
尼日利亚
北马其顿
挪威
阿曼
巴基斯坦
帕劳
巴拿马
巴布亚新几内亚
巴拉圭
秘鲁
菲律宾
波兰
葡萄牙
卡塔尔
摩尔多瓦共和国
罗马尼亚
俄罗斯联邦
卢旺达
圣基茨和尼维斯
圣卢西亚
圣文森特和格林纳丁斯
萨摩亚
圣马力诺
沙特阿拉伯
塞内加尔
塞尔维亚
塞舌尔
塞拉利昂
新加坡
斯洛伐克
斯洛文尼亚
南非
西班牙
斯里兰卡
苏丹
瑞典
瑞士
阿拉伯叙利亚共和国
塔吉克斯坦
泰国
多哥
汤加
特立尼达和多巴哥
突尼斯
土耳其
土库曼斯坦
乌干达
乌克兰
阿拉伯联合酋长国
大不列颠及北爱尔兰联合王国
坦桑尼亚联合共和国
美利坚合众国
乌拉圭
乌兹别克斯坦
瓦努阿图
委内瑞拉玻利瓦尔共和国
越南
也门
赞比亚
津巴布韦

国际原子能机构的《规约》于1956年10月23日经在纽约联合国总部举行的原子能机构《规约》会议核准，并于1957年7月29日生效。原子能机构总部设在维也纳，其主要目标是“加速和扩大原子能对全世界和平、健康及繁荣的贡献”。

国际原子能机构《安全标准丛书》第 SSG-85 号

研究堆设计和运行中的辐射防护和放射性废物管理

特定安全导则

国 际 原 子 能 机 构
2024 年 · 维也纳

版 权 说 明

Publishing Section
International Atomic Energy Agency
Vienna International Centre
PO Box 100
1400 Vienna, Austria
电话：+43 1 2600 22529 或 22530
电子信箱：sales.publications@iaea.org
网址：https://www.iaea.org/zh/chu-ban-wu

国际原子能机构印刷
2024 年 9 月 · 奥地利

研究堆设计和运行中的辐射防护和放射性废物管理

国际原子能机构，奥地利，2024 年 9 月
STI/PUB/2049
ISBN 978-92-0-512824-5（简装书：碱性纸）
978-92-0-513024-8（pdf 格式）
EPUB 978-92-0-512924-2
ISSN 1020-5853

前　言

拉斐尔·马里亚诺·格罗西总干事

国际原子能机构（原子能机构）《规约》授权原子能机构"制定……旨在保护健康及尽量减少对生命与财产的危险的安全标准"。这些是原子能机构必须适用于其自身业务而且各国可以通过其国家法规来适用的标准。

原子能机构于 1958 年开始实施其安全标准计划，此后有了许多发展。作为总干事，我致力于确保原子能机构维护和改进这套具有综合性、全面性和一致性的、与时俱进的、用户友好的和适合目的的高质量安全标准。在利用核科学和技术的过程中正确地适用这些标准将为全世界的人和环境提供高水平的保护，并为持续利用核技术造福于所有人提供必要的信心。

安全是得到许多国际公约支持的一项国家责任。原子能机构的安全标准奠定了这些法律文书的基础，而且是有助于各方履行各自义务的全球基准。虽然安全标准对成员国没有法律约束力，但它们被广泛适用。对已在国家法规中采用这些标准以加强核能发电、研究堆和燃料循环设施中以及医学、工业、农业和研究领域核应用中的安全的绝大多数成员国而言，它们已成为不可或缺的基准点和共同标准。

原子能机构的安全标准以原子能机构成员国的实际经验为基础，并通过国际协商一致产生。各安全标准分委员会、核安保导则委员会和安全标准委员会成员的参与尤其重要，我向所有为这项工作贡献自己的知识和专长的人表示感谢。

原子能机构在通过评审工作组访问和咨询服务向成员国提供援助时，也使用这些安全标准。这有助于成员国适用这些标准，并使得能够共享宝贵经验和真知灼见。在安全标准的定期修订过程中，会考虑到这些工作组访问和服务的反馈，以及从使用和适用安全标准的事件和经历中汲取的教训。

我相信，原子能机构安全标准及其适用将为确保在使用核技术时实现高水平安全作出宝贵的贡献。我鼓励所有成员国宣传和适用这些安全标准，并与原子能机构合作，在现在和将来维护其质量。

国际原子能机构安全标准

背景

放射性是一种自然现象，因而天然辐射源的存在是环境的特征。辐射和放射性物质具有许多有益的用途，从发电到医学、工业和农业应用不一而足。必须就这些应用可能对工作人员、公众和环境造成的辐射危险进行评定，并在必要时加以控制。

因此，辐射的医学应用、核装置的运行、放射性物质的生产、运输和使用以及放射性废物的管理等活动都必须服从安全标准的约束。

对安全实施监管是国家的一项责任。然而，辐射危险有可能超越国界，因此，国际合作的目的就是通过交流经验和提高控制危险、预防事故、应对紧急情况和减缓任何有害后果的能力来促进和加强全球安全。

各国负有勤勉管理义务和谨慎行事责任，而且理应履行其各自的国家和国际承诺与义务。

国际安全标准为各国履行一般国际法原则规定的义务例如与环境保护有关的义务提供支持。国际安全标准还促进和确保对安全建立信心，并为国际商业与贸易提供便利。

全球核安全制度已经建立，并且正在不断地加以改进。对实施有约束力的国际文书和国家安全基础结构提供支撑的原子能机构安全标准是这一全球性制度的一座基石。原子能机构安全标准是缔约国根据这些国际公约评价各缔约国遵约情况的一个有用工具。

原子能机构安全标准

原子能机构安全标准的地位源于原子能机构《规约》，其中授权原子能机构与联合国主管机关及有关专门机构协商并在适当领域与之合作，以制定或采取旨在保护健康及尽量减少对生命与财产之危险的安全标准，并对其适用作出规定。

为了确保保护人类和环境免受电离辐射的有害影响，原子能机构安全标准制定了基本安全原则、安全要求和安全措施，以控制对人类的辐射照射和放射性物质向环境的释放，限制可能导致核反应堆堆芯、核链式反应、辐射源或任何其他辐射源失控的事件发生的可能性，并在发生这类事件时减轻其后果。这些标准适用于引起辐射危险的设施和活动，其中包括核装置、辐射和辐射源利用、放射性物质运输和放射性废物管理。

安全措施和安保措施[1]具有保护生命和健康以及保护环境的共同目的。安全措施和安保措施的制订和执行必须统筹兼顾，以便安保措施不损害安全，以及安全措施不损害安保。

原子能机构安全标准反映了有关保护人类和环境免受电离辐射有害影响的高水平安全在构成要素方面的国际共识。这些安全标准以原子能机构《安全标准丛书》的形式印发，该丛书分以下三类（见图 1）。

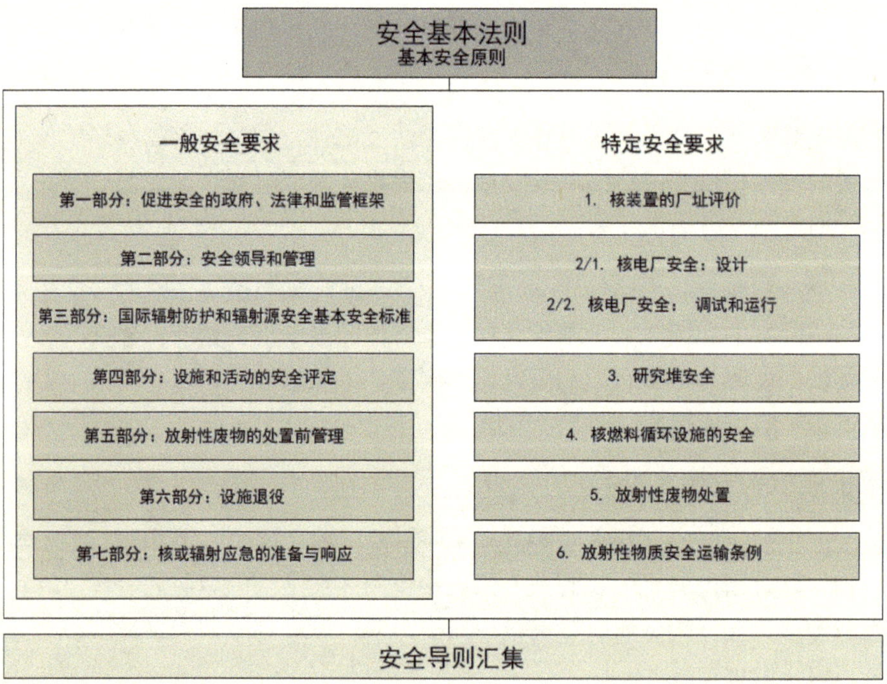

图 1. 国际原子能机构《安全标准丛书》的长期结构。

---

[1] 另见以原子能机构《核安保丛书》印发的出版物。

安全基本法则

“安全基本法则”阐述防护和安全的基本安全目标和原则，以及为安全要求提供依据。

安全要求

一套统筹兼顾和协调一致的“安全要求”确定为确保现在和将来保护人类与环境所必须满足的各项要求。这些要求遵循“安全基本法则”提出的目标和原则。如果不能满足这些要求，则必须采取措施以达到或恢复所要求的安全水平。这些要求的格式和类型便于其用于以协调一致的方式制定国家监管框架。这些要求包括带编号的“总体”要求用“必须”来表述。许多要求并不针对某一特定方，暗示的是相关各方负责履行这些要求。

安全导则

“安全导则”就如何遵守安全要求提出建议和指导性意见，并表明需要采取建议的措施（或等效的可替代措施）的国际共识。“安全导则”介绍国际良好实践并且不断反映最佳实践，以帮助用户努力实现高水平安全。“安全导则”中的建议用“应当”来表述。

原子能机构安全标准的适用

原子能机构成员国中安全标准的使用者是监管机构和其他相关国家当局。共同发起组织及设计、建造和运行核设施的许多组织以及涉及利用辐射源和放射源的组织也使用原子能机构安全标准。

原子能机构安全标准在相关情况下适用于为和平目的利用的一切现有和新的设施和活动的整个寿期，并适用于为减轻现有辐射危险而采取的防护行动。各国可以将这些安全标准作为制订有关设施和活动的国家法规的参考。

原子能机构《规约》规定这些安全标准在原子能机构实施本身的工作方面对其有约束力，并且在实施由原子能机构援助的工作方面对国家也具有约束力。

原子能机构安全标准还是原子能机构安全评审服务的依据，原子能机构利用这些标准支持开展能力建设，包括编写教程和开设培训班。

国际公约中载有与原子能机构安全标准中所载相类似的要求，从而使其对缔约国有约束力。由国际公约、行业标准和详细的国家要求作为补充的原子能机构安全标准为保护人类和环境奠定了一致的基础。还会出现一些需要在国家一级加以评定的特殊安全问题。例如，有许多原子能机构安全标准特别是那些涉及规划或设计中的安全问题的标准意在主要适用于新设施和新活动。原子能机构安全标准中所规定的要求在一些按照早期标准建造的现有设施中可能没有得到充分满足。对这类设施如何适用安全标准应由各国自己作出决定。

原子能机构安全标准所依据的科学考虑因素为有关安全的决策提供了客观依据，但决策者还须做出明智的判断，并确定如何才能最好地权衡一项行动或活动所带来的好处与其所产生的相关辐射危险和任何其他不利影响。

原子能机构安全标准的制定过程

编写和审查安全标准的工作涉及原子能机构秘书处及分别负责应急准备和响应（应急准备和响应标准委员会）、核安全（核安全标准委员会）、辐射安全（辐射安全标准委员会）、放射性废物安全（废物安全标准委员会）和放射性物质安全运输（运输安全标准委员会）的五个安全标准分委员会以及一个负责监督原子能机构安全标准计划的安全标准委员会（安全标准委员会）（见图 2）。

原子能机构所有成员国均可指定专家参加安全标准分委员会的工作，并可就标准草案提出意见。安全标准委员会的成员由总干事任命，并包括负责制订国家标准的政府高级官员。

已经为原子能机构安全标准的规划、制订、审查、修订和最终确立过程确定了一套管理系统。该系统阐明了原子能机构的任务；今后适用安全标准、政策和战略的思路以及相应的职责。

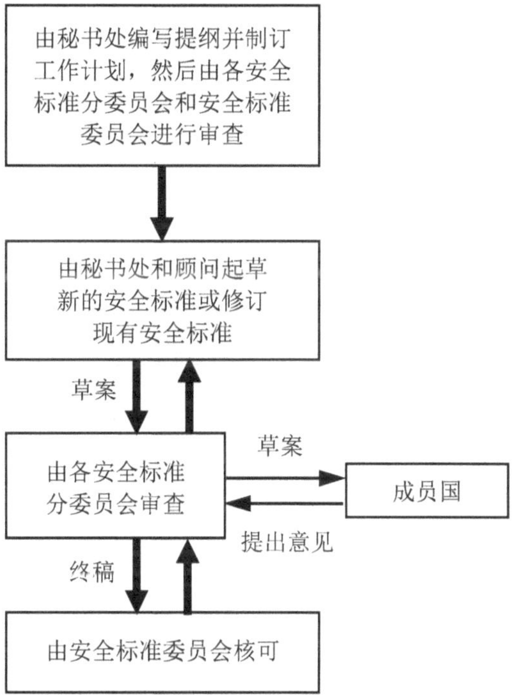

图 2. 制订新安全标准或修订现行标准的过程。

与其他国际组织的合作关系

在制定原子能机构安全标准的过程中考虑了联合国原子辐射效应科学委员会的结论和国际专家机构特别是国际放射防护委员会的建议。一些标准的制定是在联合国系统的其他机构或其他专门机构的合作下进行的，这些机构包括联合国粮食及农业组织、联合国环境规划署、国际劳工组织、经合组织核能机构、泛美卫生组织和世界卫生组织。

文本的解释

安全和核安保相关术语应理解为《国际原子能机构核安全和核安保术语》（见 https://www.iaea.org/resources/publications/iaea-nuclear-safety-and-security-glossary）中的术语。就“安全导则”而言，英文文本系权威性文本。

原子能机构《安全标准丛书》中每一标准的背景和范畴及其目的、范围和结构均在每一出版物第一章“导言”中加以说明。

在正文中没有适当位置的资料（例如对正文起辅助作用或独立于正文的资料；为支持正文中的陈述而列入的资料；或叙述计算方法、程序或限值和条件的资料）以附录或附件的形式列出。

如列有附录，该附录被视为安全标准的一个不可分割的组成部分。附录中所列资料具有与正文相同的地位，而且原子能机构承认其作者身份。正文中如列有附件和脚注，这些附件和脚注则被用来提供实例或补充资料或解释。附件和脚注不是正文不可分割的组成部分。原子能机构发表的附件资料并不一定以作者身份印发；列于其他作者名下的资料可以安全标准附件的形式列出。必要时将摘录和改编附件中所列外来资料，以使其更具通用性。

目　录

1. 导言 1

背景 (1.1-1.6) 1
目标 (1.7, 1.8) 2
范围 (1.9-1.13) 2
结构 (1.14, 1.15) 3

2. 研究堆辐射防护和放射性废物管理要求、目标和概念 3

基本安全目标 (2.1-2.3) 3
研究堆排放剂量限值、剂量约束和授权限值 (2.4-2.7) 4
最优化原理的应用 (2.8-2.10) 5
研究堆运行状态设计目标剂量 (2.11, 2.12) 6
研究堆事故工况下设计目标剂量 (2.13, 2.14) 6

3. 研究堆和相关放射性危害 (3.1, 3.2) 7

不同反应堆类型和利用相关放射性危害 (3.3-3.14) 7
研究堆辐射源 (3.15-3.17) 9

4. 研究堆设计中的辐射防护和放射性废物管理 10

辐射防护和放射性废物管理设计方法 (4.1-4.10) 10
研究堆辐射防护设计策略 (4.11-4.21) 12
研究堆放射性废物管理设计特点 (4.22-4.32) 15
研究堆的寿命管理与退役 (4.33, 4.34) 19
研究堆事故工况处理设计方法 (4.35-4.40) 19
研究堆辐射防护和放射性废物管理结构、系统和部件设计(4.41-4.49) 20
促进研究堆去污设计特点 (4.50-4.53) 21
研究堆屏蔽的设计 (4.54-4.62) 21
研究堆通风系统的设计 (4.63-4.67) 22

5. 研究堆的运行中辐射防护 (5.1-5.5) 23

剂量限值 (5.6) 24
最优化原则与剂量约束 (5.7-5.11) 25
行政控制水平 (5.12-5.14) 25
研究堆现场辐射防护和剂量控制 (5.15-5.57) 26
公众的防护的最优化 (5.58-5.61) 34

6. 研究堆的运行中放射性废物管理 (6.1-6.4) 35

研究堆放射性废物的产生的管理 (6.5-6.10) 37

放射性废物的管理中的防护最优化 (6.11) 39
研究堆中放射性废物的包装和密封 (6.12-6.14) 39
放射性废物在研究堆的贮存 (6.15-6.23) 40
与研究堆放射性废物管理相关的文件 (6.24-6.28) 42
研究堆放射性废物的分类、表征和隔离 (6.29-6.37) 43
研究堆放射性废物的加工 (6.38-6.54) 45
放射性废物的运输 (6.55, 6.56) 47
研究堆放射性排放的控制和符合性监控 (6.57-6.63) 47

7. 研究堆辐射监控计划 (7.1-7.3) 49

研究堆监控调查类型 (7.4-7.10) 49
研究堆工作场所监控 (7.11-7.19) 51
研究堆个人监控 (7.20-7.37) 52
研究堆排放监控 (7.38-7.47) 55
研究堆环境监控 (7.48-7.50) 57

8. 研究堆辐射防护计划用仪器仪表 (8.1) 58

研究堆用辐射监控仪器仪表 (8.2-8.4) 58
研究堆仪器仪表的维护和校准 (8.5-8.7) 59

9. 研究堆辐射防护和放射性废物管理的组织方面 (9.1) 60

管理系统在研究堆辐射防护和放射性废物管理中的应用 (9.2-9.5) 60
研究堆辐射防护和放射性废物管理组织机构 (9.6, 9.7) 60
研究堆辐射防护及放射性废物管理责任 (9.8-9.19) 61
研究堆辐射防护和放射性废物管理人员的资格、培训和复训(9.20-9.36) .64
研究堆辐射防护和放射性废物管理文件 (9.37-9.42) 66

10. 研究堆紧急情况下辐射防护 67

介绍 (10.1-10.3) 67
放射学评定 (10.4-10.7) 68
研究堆核或辐射紧急情况现场防护行动 (10.8) 69
研究堆核或辐射紧急情况纠正措施 (10.9) 69

参考文献 71

附件 I 研究堆中的辐射源的示例 75

附件 II 研究堆中个人防护设备 80

附件 III 研究堆中液态放射性废物收集或保存（延迟）储罐设计考虑 86

参与起草和审订人员 87

1. 导言

背景

1.1. 原子能机构《安全标准丛书》第 SSR-3《研究堆的安全》[1]确立了研究堆的安全要求，特别强调其设计和运行。原子能机构《安全标准丛书》第 GSR Part 3 号《国际辐射防护和辐射源安全基本安全标准》[2]规定了辐射防护要求。原子能机构《安全标准丛书》第 GSR Part 5 号《放射性废物的处置前管理》[3]规定了放射性废物管理的要求。

1.2. 本“安全导则”就研究堆的设计和运行中的辐射防护和放射性废物管理提供了建议。

1.3. 本“安全导则”是与其他七份关于研究堆安全的“安全导则”同时编写的，特定如下：

(a) 原子能机构《安全标准丛书》第 SSG-80 号《研究堆的调试》[4]；
(b) 原子能机构《安全标准丛书》第 SSG-81 号《研究堆的维护、定期试验和视察》[5]；
(c) 原子能机构《安全标准丛书》第 SSG-82 号《研究堆堆芯管理和燃料装卸》[6]；
(d) 原子能机构《安全标准丛书》第 SSG-83 号《研究堆运行限值和条件及运行程序》[7]；
(e) 原子能机构《安全标准丛书》第 SSG-84 号《研究堆营运组织和人员招聘、培训与资格》[8]；
(f) 原子能机构《安全标准丛书》第 SSG-10（Rev.1）号《研究堆老化管理》[9]；
(g) 原子能机构《安全标准丛书》第 SSG-37（Rev.1）号《研究堆安全重要仪器仪表和控制系统及软件》[10]。

1.4. 关于研究堆安全的其他建议见原子能机构《安全标准丛书》第 SSG-20（Rev.1）号《研究堆的安全评定和安全分析报告的编写》[11]和第 SSG-24（Rev.1）号《研究堆利用和改造安全》[12]。

1.5. 本“安全导则”使用的术语应当理解为原子能机构《核安全和安保术语》[13]定义和解释。

1.6. 本“安全导则”替代原子能机构《安全标准丛书》第 NS-G-4.6 号《研究堆设计与运行中的辐射防护和放射性废物管理》[1]。

目标

1.7. 本“安全导则”的目的是就研究堆设计和运行中的辐射防护和放射性废物管理提供建议，以满足 SSR-3[1]相关要求，特别是要求 8、15、34、57、59、84 和 85。

1.8. 本“安全导则”提供的建议针对研究堆的营运组织、监管机构和参与研究堆项目的其他组织。

范围

1.9. 本“安全导则”主要适用于额定功率高达几十兆瓦的异质热谱研究堆。对于功率较高的研究堆、专用反应堆（如快谱反应堆）和具有专用设施（如热中子源或冷中子源、高压和高温回路）的反应堆，可能需要额外的指导。对于这种研究堆，原子能机构《安全标准丛书》第 NS-G-1.13 号《核电厂辐射防护设计》[14]提供的建议可能更合适。均相反应堆和加速器驱动系统不在本出版物的范围内。

1.10. 一些较低潜在危害的研究堆、临界组件和次临界组件可能需要不太全面的辐射防护和放射性废物管理计划。虽然本“安全导则”的所有建议都将得到考虑，但有些建议可能不适用于此类研究堆、临界组件和次临界组件（见 SSR-3[1]要求 12 和第 2.15－2.17 段，以及原子能机构《安全标准丛书》第 SSG-22（Rev.1）号《分级方法在适用研究堆安全要求中的使用》[15]。

1.11. 在本“安全导则”，只有当特定建议与次临界组件无关或仅适用于次临界组件时，才会单独提及次临界组件。

---

[1] 国际原子能机构《研究堆设计和运行中的辐射防护和放射性废物管理》，国际原子能机构《安全标准丛书》第 NS-G-4.6 号，国际原子能机构，维也纳（2008 年）。

1.12. 由于其专业性，某些专题在本“安全导则”没有详细讨论，如环境监控、放射性废物处置、乏燃料管理和场外应急响应。原子能机构《安全标准丛书》的其他出版物（参考文献[3、16－20]）也涉及这些专题，本“安全导则”应当与这些出版物一起使用。

1.13. 除了退役的设计方法和计划（见第 4 部分），本“安全导则”没有提供研究堆退役中辐射防护和放射性废物管理的建议。

结构

1.14. 第 2 部分介绍了辐射防护和放射性废物管理的适用要求、目标和概念；第 3 部分就与不同类型的研究堆和研究堆辐射源相关的放射性危害提出了建议；第 4 部分提供了关于辐射防护和放射性废物管理设计方面的建议，包括运行、退役和管理事故工况的设计方法；第 5 部分提供了关于控制第 3 部分确定的放射性危害的建议；第 6 部分提供了研究堆运行中放射性废物管理的建议；第 7 部分提供了关于监控设施和人员以及与研究堆相关的放射性排放的建议；第 8 部分提供了关于辐射防护仪器仪表的建议；第 9 部分提供了关于研究堆辐射防护和放射性废物管理的组织方面的建议；第 10 部分提供了关于研究堆紧急情况的辐射方面的建议。

1.15. 附件 I 提供了研究堆中辐射源的示例，供辐射防护和放射性废物管理计划考虑；附件 II 概述了个人防护服和设备；附件 III 就液态放射性废物收集储罐或储罐的设计提出了一些考虑。

2. 研究堆辐射防护和放射性废物管理要求、目标和概念

基本安全目标

2.1. 原子能机构《安全标准丛书》第 SF-1 号《基本安全原则》[21]指出：**“基本安全目标是保护人类和环境免受电离辐射的有害影响。”**为了实现研究堆的这一目标，需要进行全面的安全评定（见 SSR-3[1]要求 5），以确定所有辐射源，评定工作人员和公众可能接受的辐射剂量，以及对环境的潜在影响。该安全评定应当检测以下内容：

(a) 研究堆的所有计划正常运行模式；

(b) 研究堆在预计运行事件期间和之后的性能；

(c) 设计基准事故的影响；

(d) 可能导致设计扩展工况的事件序列。

2.2. 安全评定用于证明符合监管机构发布的国家法律和要求（见SSR-3[1]第 3.8 段），研究堆工程设计在承受假想始发事件和事故方面的健稳性，以及安全系统和安全相关物项的有效性。安全评定还应当作为确定应急准备和响应的必要安排的基础。

2.3. SF-1[21]第 2.1 段指出："必须采取措施：

(a) 控制人的辐射照射和放射性物质向环境的排放；

(b) 限制可能导致对核反应堆堆芯、核链式反应、放射源或任何其他辐射源失去控制的事件的可能性；

(c) 在发生此类事件时缓解其后果。"

此类措施可包括工程安全特点、营运组织制定的现场事故管理程序，以及可能由相关机构制定的场外防护措施。

研究堆排放剂量限值、剂量约束和授权限值

2.4. 研究堆的设计需要确保监管机构（根据 GSR Part 3 [2]要求 12）为工作人员和公众制定的剂量限值在研究堆的整个寿命期间（见 SSR-3[1]要求 8）在运行状态（正常运行和预计运行事件）下不会超过。

2.5. 作为实施防护和安全最优化原则的一部分（见第 2.8－2.10 段），要求营运组织制定控制职业照射和公众照射的剂量约束（见 SSR-3[1]第 7.112 段）。GSR Part 3 [2]第 1.22 段指出："剂量约束是为每个受控制的源单独设定的，它们作为边界条件，用于确定防护和安全最优化的选择范围。"对于公众照射，剂量约束确保所有受控制源的计划操作剂量总和保持在剂量限值范围内[13]。

2.6. 应对不进入监管区或控制区的工作人员设定剂量约束，以确保他们获得与公众同等水平的保护（见 GSR Part 3[2]第 3.78 段）。关于公众照射的剂量约束，原子能机构《安全标准丛书》第 GSG-8 号《公众和环境的辐射防护》[22] 第 3.36 段指出："对某一特定辐射源的剂量约束旨在确保可能

导致代表人照射的所有源的计划操作剂量总和保持在剂量限值内。”应当在研究堆运行前进行研究，以确定代表人和此类人员的主要照射途径。

2.7. 研究堆排放的授权限值是根据公众照射的剂量约束和与代表人相关的照射途径确定的。这些限值通常是对液态和气态流出物中特定放射性核素活度的年度限值，允许在短时间内增加排放率，从而提供操作灵活度。

最优化原理的应用

2.8. 最优化是一个确保照射尽可能低的过程。在研究堆应用这一流程时，应当考虑到下列经济和社会因素：

(a) 应当通过实施辐射防护措施来减少工作人员和公众的辐射照射，这样，设计、建造和运行中的辐射防护措施的进一步投入就不会因为辐射照射的相关减少而得到保证；

(b) 研究堆的设计应当旨在避免不同类型的工作人员接受的个人剂量的任何重大差异。

2.9. 一般来说，最优化原则的应用意味着要从一系列可能的防护措施中做出选择。应当确定可行的备选办法，应当确定作为比较标准的参数及其适当值，应对这些选择进行评定和比较。最优化原则还应当适用于设计特点和程序，其目的是防止或缓解设施中可能导致工作人员或公众辐射照射的事故后果。

2.10. 最优化在研究堆及其部件设计中的基本作用是为确定哪些控制辐射照射的工程规定是合理可行的提供基础。这往往是根据过去的经验作出判断的问题。在大多数情况下，应当应用最优化原则来实现以下需求之间的平衡：减少剂量、确保安全可靠的研究堆运行的需要以及所涉及的成本。基于专家判断和利用现有和经过证实的最佳技术的定性方法可能足以就可达到的防护最优化水平作出决定。在研究堆的设计阶段或重大改造阶段或涉及大量开支的退役阶段，使用更结构化的方法可能是适当的，有助于决策的技术可能是有用的。

研究堆运行状态设计目标剂量

2.11. 为了确保设计能够防护最优化，“设计目标剂量”应当根据工作人员和公众的个人剂量和集体剂量来设定。“目标剂量”术语在本“安全导则”用于个人剂量和集体剂量。就工作人员和公众的个人剂量而言，设计目标剂量的设定应当符合剂量约束的概念，如 GSR Part 3 [2]第 1.22 段和第 1.23 段所述。设计目标剂量的设定应当参考剂量约束，并考虑设计的技术和更具成本效益的替代方案。设计目标剂量没有限值，它们是最优化过程有用的设计工具。可能会超过设计目标剂量，只要这是正当的。然而，符合设计目标剂量本身并不表明设计满足最优化原则。因此，如果可以合理地将剂量进一步降低到设计目标剂量以下就应当实施。

2.12. 为了将设计工作集中在对工作人员的集体剂量和个人剂量贡献最大的方面，根据预期接受最高剂量的工作人员群体（如维护工作人员或辐射防护人员）的集体剂量来设定设计目标剂量是有用的。根据各类工作的集体剂量设定设计目标剂量也是有用的，如主要部件的维护、在役检查、换料和放射性废物管理。设计目标剂量应当在研究堆的热调试期间进行核实（见 SSG-80[4]）。

研究堆事故工况下设计目标剂量

2.13. 应当通过将预测剂量与此类事故的设计目标剂量进行比较来判断设计规定在保护工作人员和公众免受假想事故工况影响方面的充分性。一般来说，假想事故的概率越高，规定的设计目标剂量应当越低。因此，营运组织和/或设计人员可以为具有不同发生概率的假想事故设定不同的设计目标剂量。此外，监管机构可以通过规定特定剂量带内所有事故的频率标准来定义设计目标剂量。对于设计基准事故，根据监管要求，预计现场边界外不会有或只有轻微的放射性后果。监管机构应当具体说明什么构成轻微放射性后果。通常情况下，这种后果与不需要采取任何场外保护行动的照射水平相对应当。

2.14. 将设计基准事故和设计扩展工况分别处理，并分别设定设计目标剂量是有益的。除了向监管机构提供保证之外，还可以设定设计目标剂量来解决公众成员的关注。

3. 研究堆和相关放射性危害

3.1. 研究堆是一组多种多样的设施，可以以多种方式分类（例如，研究堆、培训反应堆、原型反应堆、临界组件或次临界组件，或按慢化剂和冷却剂的类型，或按利用目的）。放射性危害和控制方法因研究堆的潜在危害而异。

3.2. 并非本部分提到的所有类型的辐射源都与所有类型的研究堆相关，每种辐射源的重要性也不会对所有类型的研究堆或其利用同等。应当仔细评定放射性危害、其严重程度及其对特定类型研究堆的影响，以确保适当实施适当的辐射防护和放射性废物管理计划。

不同反应堆类型和利用相关放射性危害

3.3. 与研究堆相关的放射性危害主要取决于以下几个方面：

(a) 研究堆的功率水平及其放射性核素存量；
(b) 研究堆的类型；
(c) 研究堆的瞬态（功率偏移）特征；
(d) 反应堆堆芯内和周围的辐照设施和实验设备，特别是束管和用于将辐照样品转移到堆芯和从堆芯转移的任何“动兔”系统。

研究堆的功率水平和放射性核素存量

3.4. 对于功率水平非常低的研究堆，包括临界组件和次临界组件，低中子通量通常导致活化产物水平不高。因此，可能不需要保留或减少气体排放的系统以及对排放的连续监控。由于液态和固态活化产物的量也很低，可能很少或不需要水去污回路或固态活化部件、设备或管道的屏蔽。这种反应堆堆芯的裂变产物存量通常很低，屏蔽通常只需要保护运行人员免受燃料元件的直接辐射。

3.5. 对于功率水平在 10 千瓦以上的反应堆，需要设计安全特点来保留气态、液态或固态活化产物，并对这些产物的辐射进行适当屏蔽，这一点逐渐变得更加重要。同样，应当采取额外措施，控制运行状态和事故工况下放射性物质的排放。对辐射监控和放射性废物管理计划的需求也在增加。

3.6.　对于功率水平超过 1 兆瓦的反应堆，取决于堆芯和燃料元件的设计，燃料损坏（包括残留衰变热造成的损坏）是可能的，并且需要特殊的设计特点来保持燃料的完整性（例如在冷却剂丧失事故工况下）。在这种情况下，应当特别考虑运行方面（见 SSR-3[1]附录 II）以及员工培训，以确保对此类事件做出适当响应。这还应当包括充分监控任何可能的意外排放的能力。

研究堆类型

3.7.　反应堆的类型对辐射防护计划的性质和范围有重大影响。虽然大多数中低功率水平的研究堆将具有类似的特征，但一些设计，特别是较高功率水平的设计，应当具有特定的辐射防护特点和计划。例如，这适用于重水慢化反应堆，对此应当特别注意氚（^{3}H）的生产，包括监控这种放射性核素的手段。另一个示例是轻水堆，应当考虑到氩-41 和氮-16 的 γ 辐射剂量率。

研究堆的瞬态（功率偏移）特征

3.8.　如果堆芯没有得到很好的屏蔽，功率偏移（瞬态）会导致相对较高的功率水平和随之而来的高水平直接辐射。功率偏移对于低功率水平的研究堆或临界组件和次临界组件可能特别重要，这些组件在正常运行工况下不需要显著的屏蔽。在辐照设备（如束管）的设计中，应当考虑瞬态引起的直接辐射。

3.9.　如果功率偏移是正常运行设计的一部分，那么用于监控和辐射防护的系统和设备应当能够承受高功率水平。功率偏移不仅会引起强烈的直接辐射场，而且会导致燃料退化和燃料裂变产物的排放，如果燃料的设计不能应对这种偏移的话。

3.10.　设计中可以包括具有强负温度系数的固有安全特点，以便瞬态不会导致堆芯退化。这些特点通常用于设计瞬态运行的研究堆（例如脉冲研究堆）。

辐照设备和实验设备

3.11.　辐照设施和实验设备使用来自堆芯、辐照燃料或活化源的直接辐射，这可能对人员造成放射性危害。对于此类设施和设备，应当实施特殊的设计特点，以提供辐射监控和辐射防护。这特别适用于束管和热柱，甚至适用于低功率水平的研究堆。

3.12. 由于高压和高温导致放射性物质排放的风险增加，辐照回路或装置可能存在显著的放射性危害。在计划研究堆辐射防护计划时，应当考虑到与易裂变材料可能熔化相关的问题，易裂变材料通常存在于回路或装置中。

3.13. 在辐照材料时应当采取特别预防措施，包括冷中子源中的材料，这些材料容易分解或改变形态，或其化学反应性可能增强，导致过压或排放易燃和/或易爆气体。

3.14. 放置在辐照设施中的材料对堆芯反应性的影响应当在辐照前确定，特别是当辐照材料含有易裂变材料或富集材料时。

研究堆辐射源

3.15. 在任何研究堆的辐射防护计划中，都应当考虑到设施中可能存在的所有密封放射源和未密封放射源。在正常运行期间以及预计运行事件期间，此类源及其形式、位置和活动水平的完整列表为屏蔽计算、分区（区域指定）、通风系统设计、监控计划、剂量评定、放射性废物管理和污水排放确定提供了基础[10]。乏燃料存在直接辐射和包壳故障时放射性物质排放的放射性危害。因此，应当考虑乏燃料的装卸、贮存、运输和随后的处置。原子能机构《安全标准丛书》第 SSG-15（Rev.1）号《乏核燃料的贮存》[18]提供了特定建议。

3.16. 以下是研究堆中可能的辐射源的示例：

(a) 反应堆堆芯中的燃料；

(b) 贮存在反应堆厂房内的乏燃料和堆芯部件；

(c) 乏燃料水池或冷却剂系统中的超铀核素、裂变产物以及活化和腐蚀产物；

(d) 含有活化产物的设备、系统和管道；

(e) 固态和液态放射性废物以及处理放射性废物产生的物质；

(f) 气态放射性物质；

(g) 有可能产生活化材料或其他放射性物质的实验设施；

(h) 贮存和处理放射性物质的工具和设备，包括样品活化和/或辐照设施、堆芯实验、束端口和热室；

(i) 已经在反应堆中被辐照的材料；

(j) 中子源和校准源；

(k) 中子探测器（特别是裂变室和自供电中子探测器）；

(l) 过滤系统的部件，如过滤器和离子交换柱。

3.17. 附件 I 提供了研究堆辐射防护和放射性废物管理计划应当考虑的研究堆中可能的辐射源示例。

4. 研究堆设计中的辐射防护和放射性废物管理

辐射防护和放射性废物管理设计方法

人力资源

4.1. 研究堆的设计人员应当充分了解需要纳入设计的运行辐射防护和放射性废物管理措施。

4.2. 设计人员应当邀请相关营运组织和维护组织的专家参与新研究堆的设计和现有设施的设计修改，以确保满足辐射防护和放射性废物管理的要求。此外，相关的运行经验也应当传授给设计人员。这样，设计和运行之间的相互关系就可以得到适当的解决。

4.3. 辐射防护和放射性废物管理方面的专家应当密切参与设计过程。在设计过程应当利用这些专家的建议，特别是在以下方面：

(a) 在研究堆生产、装卸和运输放射性物质以及向环境排放放射性物质方面的专门知识；

(b) 提供安全相关投入的能力，例如使用现有软件和相关运行经验数据评定辐射源和相关辐射照射；

(c) 他们对法规要求和导则以及最佳实践的熟悉程度。

4.4. 作为在设计阶段应用最优化原则的一部分，研究堆项目的管理层应当建立一个共享知识、共同目标和态度的系统，以确保职业照射和公众照射的管理受益于参与项目所有人员的合作。

安全文化

4.5. 原子能机构《安全标准丛书》第 GSR Part 2 号《安全的领导和管理》[23]规定了培养强大安全文化的要求，原子能机构《安全标准丛书》第 GS-G-3.5 号《核设装置管理系统》[24]和第 GSG-16 号《放射性废物管理中安全领导、管理和文化》[25]提供了相关建议。

4.6. 应当通过确保项目的所有参与人员了解辐射防护的要求以及他们的活动或职能对保护工作人员、公众和环境的直接和间接影响，建立与最优化原则的应用相关的强有力的安全文化。为了实施这种方法，设计人员应当培养一种适当的安全文化，在这种文化中，在设计的每个阶段都认识到辐射防护和放射性废物管理安全的重要性。

4.7. 在应用最优化原则时，应当在以下基础上建立强有力的安全文化：

(a) 管理人员对安全的坚定承诺；

(b) 了解导致现场人员和公众照射的实践；

(c) 综合培训计划；

(d) 管理运行、维护和设计之间的关系；

(e) 熟悉影响个人剂量和集体剂量的主要因素，包括照射途径；

(f) 熟悉可用的软件以帮助优化设计；

(g) 认识到必要时应当咨询辐射防护专家，以确保正确评定和考虑影响辐射防护的设计方面。

组织方面

4.8. 达到适当辐射防护水平的需要影响到与研究堆设计相关的广泛问题。因此，有必要确保所有可能影响辐射照射的设计决定都符合辐射防护的要求。设计过程的计划方式应当使这些要求的实施成为项目不可分割的一部分，并且不影响项目的进度和完成。

4.9. 整个设计过程需要在适当的管理系统下进行，该系统根据 GSR Part 2[23]要求 6－8 建立。营运组织应当建立一个流程，作为管理系统的一部分，以确保设计人员在设计过程的所有阶段实施辐射防护和废物安全的必要措施。

4.10. 在组织研究堆的设计时，应当确保执行以下各项：

(a) 在设计的早期阶段，当评定设计主要方面的选项时，会咨询辐射防护专家和废物安全专家；
(b) 该设计结合了经过证实的工程实践，运行经验表明这些实践在防护最优化方面是有效的，只有在证明了净收益的情况下，偏离这些实践才是可接受的；
(c) 所有对辐射安全和废物安全有重大影响的决定分别由辐射防护专家和废物安全专家评审；
(d) 有适当的评审机制来解决任何可能与辐射防护和放射性废物管理要求相冲突的设计或运行问题；
(e) 该设计包括一些措施，以确保结构、系统和部件（SSCs）的活化不会妨碍它们在研究堆的整个寿命期间被拆除或更换。

研究堆辐射防护设计策略

4.11. 如第 2.11－2.14 段所述，在设计过程开始时设定的设计目标剂量应当包括以下内容：

(a) 根据现场人员的年度集体剂量和年度个人剂量设计目标剂量；
(b) 根据公众的年度个人剂量设计的目标剂量。

这些设计目标剂量是相互关联的。例如，为减少放射性物质向环境的排放而对废物处理系统进行的任何改进都可能需要现场人员进行额外的工作，从而增加他们的照射量。在提供减少放射性排放的手段时，应当评定照射方面的影响，以优化对现场人员的防护。

4.12. 在设定设计目标剂量时，应当在可行的情况下考虑在辐射防护方面具有良好运行经验的类似研究堆的经验。应当考虑到其他设施和正在设计的研究堆在设计和运行上的任何差异。这种差异可能包括功率水平、使用的材料、燃料类型、燃耗和进行实验的安排方面的差异。

现场人员辐射防护设计

4.13. 为确保对现场人员的保护，研究堆的设计应当包括以下内容：

(a) 应当制定控制现场人员照射的策略，以便在设计早期考虑重要方面。在大多数类型的研究堆中，两个方面的设计规定可能有减少照射的主要影响。第一个方面是预防性和纠正性维护。应当为视察和维护做出适当的设计规定。因此，具有高可靠性和较少维护需求（尤其是纠正性维护）的成熟设计将是首选。第二个方面是尽量减少放射性核素的产生和积聚的设计特点，这将降低整个设施的放射性水平和污染水平。相比之下，增加屏蔽或通风的设计特点可能带来的好处较少；

(b) 应当制定并记录辐射防护的一般设计标准。这些标准包括设施布局所依据的原则，同时考虑到安全与核安保之间的联系、事故工况规定以及在反应堆设计中对使用特定材料的限制；

(c) 应当制定研究堆的逻辑布局，并根据预测的剂量率和污染水平、准入要求和其他设计要求（如需要隔离执行安全特点的部件）来定义区域（见 SSR-3[1]要求 26 和 27)。预测的剂量率可以通过使用为设计的辐射防护方面提供基础的源项来计算，也可以根据类似研究堆的运行经验来确定（前提是设计和运行的相关参数没有重大差异）。研究堆内区域的指定需要符合监管要求和 GSR Part 3[2]要求 24；

(d) 应当规定维护计划和运行计划，最好是根据完善的辐射最优化的概念。应当评定与这些计划相关的集体剂量和个人剂量。在可能的情况下，应当利用相关的运行经验，特别是对于难以精确预测的工作，如纠正性维护。在这种情况下，使用模型将有助于减少不确定性；

(e) 在设计的每个阶段，评定的剂量都应当与设计目标剂量和剂量约束进行比较。当设计有选择时，应当进行最优化研究。在预测将超过设计目标剂量的情况下，这些研究尤其重要。

4.14. 便利研究堆长期运行的设计规定应当包括以下特点：

(a) 支持在役检查的设计特点有助于更换老化的结构、系统和部件。应当确定相对难以接近的结构和部件，并且在每种情况下都应当规定它们的设计寿命并清楚地记录下来；

(b) 防止安全壳或密封装置以及对其他安全重要物项腐蚀或其他损坏的措施，包括使用保护涂层和/或阴极保护；

(c) 在可能的情况下，安装和移除辐照样品试样的规定，以便于定期视察。

4.15. 应当保存一份可监查的记录，记录在设计过程中做出的所有决定以及做出这些决定的原因，以便影响辐射照射的设计的每个方面都有充分的理由。这个记录应当是设计管理系统的一部分。

4.16. 应当在设计阶段制定退役计划的计划，以帮助核实设计是否包括在退役期间控制照射的必要特点。在许多情况下，这些功能与运行状态下的功能相同，但可能需要一些额外的特殊功能来促进退役。如果这些附加功能很重要，设计应当确保针对运行状态和退役的防护得到最优化。

4.17. 在研究堆的设计阶段，需要对设计特点进行评审，以促进退役（见SSR-3[1]要求 33）。一般来说，有利于反应堆运行寿命期间维护和视察的设计特点也将有助于退役。根据 SSR-3[1]第 6.92 段和原子能机构《安全标准丛书》第 GSR Part 6 号《设施退役》[26]规定的要求，为了便利退役，需要考虑以下方面：

(a) 仔细选择材料，尽量减少以下情况：
   (i) 材料的活化；
   (ii) 放射性废物的产生；
   (iii) 活化腐蚀产物的扩散；
   (iv) 表面去污所需的努力；
   (v) 使用潜在危害物质（如油、易燃材料、化学危害物质、纤维绝缘材料）。
(b) 优化设施的设计、布局和进出路线，以促进以下工作：
   (i) 移出大型部件；
   (ii) 容易分离和移出（通过远程方式）显著活化的部件；
   (iii) 今后安装去污和废物处理设备；
   (iv) 去污或移除嵌入部件，如管道和排水管；
   (v) 废物的贮存；
   (vi) 设施内放射性物质的控制。
(c) 放射性废物的处置前管理（即反应堆运行和退役产生的废物的预处理、处理、整备和贮存）。

4.18. 设计应当有助于使用以下所有或部分措施使现场人员符合设计目标剂量：

(a) 通过实施以下措施降低工作区的剂量率：
    (i) 减少来源（例如通过材料选择、去污、控制腐蚀、控制水化学、过滤和去污）；
    (ii) 屏蔽的改进；
    (iii) 增加工作人员和污染源之间的距离（例如，通过提供远程处理）；
    (iv) 确保良好的通风。
(b) 通过实施以下措施，减少剂量率高地区的居留时间：
    (i) 指定高可靠性设备，以确保极低的故障率；
    (ii) 确保设备易于维护、拆卸或远程操作；
    (iii) 简化运行程序；
    (iv) 确保易于接近和良好的照明。

公众成员辐射防护设计

4.19. 设计目标剂量应当在公众年度个人剂量设计过程开始时设定。如有必要，应当考虑场址周围地区的发展和未来可能的人口分布。

4.20. 应当通过考虑任何可能影响公众剂量的场址特定特点来实现符合设计目标剂量。这些特征应当在设计过程的早期阶段确定，并应当在设计中加以考虑。这应当包括确定代表人和主要照射途径。

研究堆调试中的辐射防护设计策略

4.21. 设计中为在运行状态下提供最佳辐射防护水平而采取的措施通常足以在调试阶段提供辐射防护。然而，在功率和超功率试验中应当特别小心。在这些试验期间，应当进行全面的测量、试验和辐射防护核实，以确保设计的充分性（见 SSG-24（Rev.1）[12]）。

研究堆放射性废物管理设计特点

4.22. 根据 SSR-3[1]要求 15 和 GSR Part 5[3]要求 8 和 17，设计需要纳入控制研究堆放射性废物产生的功能，促进这种废物的安全装卸和贮存及其去除、运输和处置，并控制污水排放。具有低潜在危害的次临界组件和低功率研究堆通常不会产生大量放射性废物，这些设施中放射性废物管理的设计规定应当采用分级方法。

4.23. SSR-3[1]要求 59 规定：

> **“研究堆设施及其相关实验设施的设计必须包括加强废物管理安全和尽量减少放射性废物产生的规定。必须提供处理固态、液态和气态放射性废物的系统，以将放射性排放的数量和浓度保持在合理可达尽量低水平，并低于授权的排放限值。”**

还应当考虑对过境废物的贮存和废物的去除作出规定。

4.24. 如有必要，应当在放射性流出物或放射性废物在处理、排放或处置之前的贮存区规定临时密封装置。

4.25. 设计应当确保处理放射性废物的设施具有足够的灵活度，包括在异常工况下可能产生的放射性废物（如有缺陷的容器）和物理或化学成分不标准的放射性废物，以及处理改造和实验产生主要成分的设施。

4.26. 根据 SSR-3[1]要求 59 和第 6.27 (a) 段和第 6.92 (a) 段，设计要求在设施寿命的所有运行阶段，包括退役阶段，最大限度地减少放射性废物的产生。要求实施设计特点，以确保放射性排放的量和浓度尽可能低，并保持排放低于授权限值（见 SSR-3[1]要求 59）。尽量减少废物的设计考虑应当符合安全分析、相关剂量标准以及确保照射量尽可能低的需要（另见第 4.11 段）。在研究堆中实施的措施包括：

(a) 选择不易活化的材料（例如，塑料在“动兔”系统辐照靶载体中的应用）或产生快速衰变的活化产物的材料（例如，在堆芯附近使用铝部件）；
(b) 考虑到池水的热膨胀和收缩，以避免或最大限度地减少溢出到液体滞留储罐；
(c) 尽量减少或排空中子源附近的空气空间，以减少放射性核素（如氩-41）的产生。

4.27. 根据 SSR-3[1]第 6.27 段、第 6.101 段和第 6.202 段，为了便于管理研究堆运行期间产生的放射性废物，需要在设计中考虑以下特点：

(a) 减少设施内产生和转移的放射性废物数量，并最大限度地减少排放到环境中的废水活度的规定；
(b) 将放射性废物与现场人员和公众隔离的规定，以及出于辐射防护目的的出入控制。控制区和监督区必须根据放射性污染和辐射照射的可能性来指定（见 GSR Part 3 [2]第 3.88－3.92 段）。原子能机构《安全标准丛书》第 GSG-7 号《职业辐射防护》[27]提供了指定区域的建议；

(c) 在液体泄漏和溢出物作为废水排放之前，对其进行本地检测、收集和处理的规定；

(d) 包括移动设备在内的人员和设备的去污规定；

(e) 处理去污活动产生的放射性废物的规定。

4.28. 应当在设计中说明安全壳或密封装置在运行状态下为防止放射性气体积聚而排放的程度。

4.29. 在设计与废物管理设施、设备和部件相关的屏蔽、密封装置和隔离特点时，应当考虑到研究堆寿命期间产生的放射性废物的不同性质。根据原子能机构《安全标准丛书》第 GSG-3 号《放射性废物处置前管理的安全论证文件和安全评定》[28]提供的建议，放射性废物管理活动和设施的安全评定可用于优化这些设计特点。

研究堆气态流出物的管理

4.30. 在设计研究堆时应当考虑的气态流出物管理措施包括：

(a) 规定放射性气体通过适当的管道输送到共同的排放点；

(b) 规定适当选择加工气体和衰变系统（例如使用氮-16 的延迟储罐），以尽量减少气态放射性物质的排放；

(c) 提供适当的过滤器来清理气态流出物，以最大限度地减少排放，同时也最大限度地减少次生废物的产生（另见 SSR-3[1]第 6.211 段）；

(d) 提供排放气体的方法，例如合适的烟囱；

(e) 根据 SSR-3[1]第 7.117 段规定取样和监控气态废水排放的手段和方法。

研究堆液态流出物的管理

4.31. 在设计研究堆时应当考虑的液态流出物管理措施包括：

(a) 将放射性液态流出物收集到一个公共点，如一个储罐（收集储罐或储罐的一般设计考虑在附件 III 讨论）；

(b) 必要时，应当作出规定，处理某些已排放的放射性核素在下游重新浓缩的可能性，特别是与低水平放射性的液态放射性废物相关的可能性

（例如，可能适合通过低水平排放系统直接排入下水道的储坑、延迟储罐和储罐中的液体），以及监控此类排放的手段和方法；

(c) 关于管理和控制活度较高的液态放射性废物的规定，例如可能因某些类型的研究堆计划重要停堆而产生的废物；

(d) 关于衰变系统的规定（例如使用储罐），以尽量减少放射性物质的排放；

(e) 规定在液态内容物排放之前，最好是在排放点对储罐进行取样和监控；

(f) 关于处理液态流出物（例如使用离子交换树脂）的规定，无论是为了再利用还是因为活度水平太高，无法作为废物管理或排放到环境中；

(g) 液态废物收集管线中防止固体排放的过滤规定。

研究堆固态放射性废物的管理

4.32. 根据 GSR Part 5[3]规定的要求和 GSG-16[25]提供的建议，在设计研究堆时应当考虑的固态放射性废物（包括实验产生的废物）管理措施包括：

(a) 按类型（如数量、形状、体积、同位素组成、活度浓度）对废物进行分类的规定；

(b) 关于包装、装卸和贮存固态低水平放射性废物的规定，如受污染的清洁设备、防护服、纸张和工具，这些废物可能会在现场贮存和处理设施中积聚和处理；

(c) 关于固态中放射性废物的包装、装卸和贮存的规定，如离子交换树脂、通风过滤器和木炭床产生的废物，这些废物可能在现场贮存和处理设施中积聚和处理；

(d) 关于可替换堆芯部件等固态高水平放射性废物的包装、装卸和贮存的规定；

(e) 装卸和装载废物的区域和工具；

(f) 用于辐射防护的设备和工具；

(g) 必要时提供压实废物的规定；

(h) 必要时贮存树脂和使液态废物脱水的规定；

(i) 在废物从现场运输之前贮存废物的空间；

(j) 确保在液态流出物中排放的任何固态放射性物质在授权限值内的规定。

研究堆的寿命管理与退役

4.33. SSR-3[1]要求 33 规定：**“研究堆及其实验设施的设计必须考虑研究堆设施的退役。”**

4.34. 研究堆的预期寿命应当在设计中说明。应当在设计阶段确定可能影响设施寿命可能延长及其最终退役的问题。设计应当包括贮存和/或加工研究堆整个寿命期间产生的放射性废物特点。GSR Part 6[26]规定了设施退役的一般要求。

研究堆事故工况处理设计方法

4.35. 研究堆的设计需要通过降低事故发生的可能性（预防事故）和缓解事故发生后的相关后果来保护人类和环境免受事故可能带来的放射性后果（见 SSR-3[1]第 2.8 段和第 6.13 段）。

4.36. 事故工况的设计目标是将研究堆可能排放的放射性物质对公众造成的风险以及这种排放和直接辐射照射对现场人员造成的风险限制在可接受的水平。这些设计目标将通过高质量的设计和特殊功能来实现，如保护系统和安全系统，根据 SSR-3[1]第 6 部分规定的要求，这些设计和功能将被纳入研究堆的设计中。目的是确保对反应性的可靠控制，对于具有不可忽略的热功率水平和放射性库存的反应堆，确保排出余热和密封放射性物质。

4.37. 设计目标的实现应当通过根据 SSR-3[1]要求 41 进行的安全分析来确认。确定性安全分析和相关剂量评定，以及适当的补充概率安全分析，应当使用保守假设进行设计基准事故分析，并使用现实或最佳估计假设进行设计扩展工况分析。

4.38. 为达到设计目标，设计应当包括规定和程序（如停堆系统、余热排出系统、收到警报后的行动），以使运行人员在事故工况下采取适当的行动。

4.39. 还应当采用运行状态下的辐射防护措施，以确保在事故工况下为现场人员和公众提供充分的保护。

4.40. 事故工况下辐射防护结构、系统和部件的设计（见第 4.41－4.49 段）应当通过与辐射防护、反应堆运行、设计、事故分析和监管要求方面的专家协商来制定。在整个设计过程中，这些专家之间应当定期互动，以形成在事故工况下提供营运组织和监管机构可接受的辐射防护水平的设计。设计还应当确保能够实施有效的事故管理安排。

研究堆辐射防护和放射性废物管理结构、系统和部件设计

4.41. 研究堆结构、系统和部件的设计应当考虑到在运行中的研究堆减少辐射照射方面获得的经验。

4.42. 减少辐射照射的下列特点应当纳入研究堆的设计：

(a) 含有需要定期维护的部件的高水平放射性工作区应当屏蔽附近有源系统和部件发出的辐射；

(b) 不需要安装在活化部件附近的非放射性部件应当安装在高水平放射性区域之外；

(c) 在高水平放射性区域使用的部件应当设计成易于拆卸；

(d) 应当提供放射性液体取样技术，同时确保防护得到最优化；

(e) 应当防止放射性污泥在管道和容器中沉积，并应当提供防止这种沉积的必要措施。

4.43. 设计应当提供高可靠性的结构、系统和部件，包括最低限度的监视、维护、试验和校准（见第 4.13 (a) 段）。

4.44. 应当通过尽量减少反应堆部件中可能积聚的放射性物质数量来减少现场人员的照射。因此，应当尽可能避免可能积聚放射性物质的陷阱和粗糙表面。

4.45. 厂房中可能被污染的部件和区域的设计必须便于去污（见 SSR-3[1] 第 6.97 段）。这包括在墙壁和地板、光滑的表面上涂上合适的涂层，避免放射性物质可能积聚的陷阱和粗糙表面，并为含有放射性液体的回路提供隔离、冲洗和排水的手段。

4.46. 含有放射性液体的管道和储罐不应当放置在干净的管道或储罐附近，它们应当被适当屏蔽或应当位于与需要维护的物项有一定距离的地方。足够的空间应当留在管道或储罐和墙壁之间，用于视察以及维修和改造。

4.47. 应当通过化学控制和适当的流体流动设计，包括使用内表面光滑平整的管道，防止放射性颗粒不受控制地积聚。

4.48. 管道的设计应当尽量减少通风和排水管道。排水应当通向一个污水坑或一个密封系统。管道的设计应当避免流体在管道中积聚。

4.49. 在管道设计中，应当尽可能避免需要视察的焊缝，任何此类焊缝应当易于视察和维护。

促进研究堆去污设计特点

4.50. 根据 SSR-3[1]要求 34，在研究堆的设计阶段应当考虑去污的需要。特别是 SSR-3[1]第 6.101 段指出："必须为人员和设备以及处理去污活动产生的放射性废物提供适当的去污设施。"

4.51. 在计划去污设施时，所有预计会与一回路冷却剂或废物照射的部件都应当被视为潜在的去污物项。

4.52. 对于可能发生污染液体泄漏或溢出的区域需要特别考虑。这些区域的设计应当控制污染的扩散并促进去污。

4.53. 应当提供去污设施，以便在装运前去除运输货包表面的放射性物质（例如含有辐照燃料元件或放射性废物的货包），以及可能需要维修的部件和工具及设备上的放射性物质。

研究堆屏蔽的设计

4.54. SSR-3[1]第 6.98 段指出：

> "设计不仅必须包括反应堆所需的屏蔽，还必须包括实验设备和相关设施（如束管、粒子导管或中子射线照相或硼中子俘获疗法设施）所需的屏蔽，并必须规定安装与反应堆和其他辐射源的未来利用相关的必要屏蔽。"

4.55. 在设计特定辐射源的屏蔽时，目标剂量率应当根据该区域的预计占用频率和持续时间来确定。在设定该目标剂量率时，应当考虑与确定辐射源输出相关的任何不确定性。

4.56. 在制定屏蔽规范时，应当考虑到研究堆寿命期间放射性核素的积聚。

4.57. 屏蔽材料的选择应当基于辐射的性质（例如中子辐射和γ辐射，或仅γ辐射）、材料的屏蔽特性（例如散射、吸收、产生次生辐射、活化的程度）、材料的机械和其他特性（例如稳定性和与其他材料的兼容性、结构特征、抗震性能）以及空间和重量限值。

4.58. 屏蔽效率的丧失可能是环境条件的结果。屏蔽设计应当考虑中子辐射和γ辐射与屏蔽材料相互作用产生的影响（如具有高中子吸收截面的放射性核素的燃耗、辐解和脆化）、与其他材料反应产生的影响（如侵蚀、腐蚀）以及温度产生的影响（如从混凝土中去除氢气和/或水）。

4.59. 通过屏蔽（如管道、导管）的贯穿应当适当设计，以避免直接的辐射流（如在管道中包括多个弯曲）。应当设计由几个障碍物组成的屏蔽，以防止中子流过这些障碍物之间的间隙（即避免中子源的“视线”）。在设计屏蔽时，应当考虑“天光线”和“地光线”的影响。

4.60. 应当考虑屏蔽材料中的热量产生，屏蔽设计中如有必要应当包括适当的冷却系统。

4.61. 为了获得堆芯或其他中子源屏蔽的最佳设计，可能需要多种材料的组合。应当使用如铁或钢具有高非弹性散射横截面的材料来降低高能中子的能量。如含有水或混凝土低原子序数元素的材料会降低横截面低于屏蔽材料和非弹性散射阈值的中子能量。

4.62. 在研究堆运行状态下可能需要临时附加屏蔽的区域，在设计中应当考虑到附加屏蔽的重量以及运输和安装附加屏蔽所需的规定。

研究堆通风系统的设计

4.63. 应当考虑提供专用的能动通风系统，该系统如有必要应当根据SSR-3[1]第6.99段在受控区域内的工作区域保持适当的清洁条件。

4.64. 为了辐射防护的目的，提供通风系统的主要目的应当是控制空气中放射性核素对工作环境的污染，并减少佩戴呼吸防护设备的需要。在发生事故时应当为通风做出设计规定。

4.65. 需要通过提供空气清洁过滤器等功能来控制空气污染的扩散和排放到环境中放射性物质的数量（见 SSR-3[1]第 6.99 段），并通过保持区域之间适当的压差。

4.66. 在设计控制空气污染的通风系统时，应当考虑以下因素：

(a) 热和机械混合的机制；
(b) 从污染源附近的潜在污染区域排出空气；
(c) 防止邻近设施受到污染；
(d) 使用与该地区潜在污染程度相称的空气交换率；
(e) 气流的布置，以最大限度地减少污染物再悬浮的可能性；
(f) 废气排放点的位置不靠近通风系统的进气点；
(g) 关于拆卸（更换）过滤器和安全去除过滤器废物的规定；
(h) 关于系统冗余性、独立性和多样性的规定。

4.67. 通风系统中的气流应当使得较低空气污染水平的区域压力高于潜在较高污染水平的区域压力。因此，通风系统中的气流应当从空气传播较低污染水平的区域引导到空气传播较高污染水平的区域，并且应当从空气传播较高污染水平的区域抽取空气。如果这不可行，应当为这两个区域提供单独的通风系统。

5. 研究堆的运行中辐射防护

5.1. 辐射剂量可能来自外部照射（即直接辐射，包括包围在气体中）和/或内部照射（即通过皮肤或伤口摄入、吸入或吸收）。辐射防护的目标是确保有效控制工作人员和公众的外部和内部照射，以及向环境的排放，确保符合所有监管要求并进一步优化运行实践。

5.2. SSR-3[1]要求 84 规定：**“研究堆设施的营运组织必须建立和实施辐射防护计划。”**辐射防护计划的基础是一套旨在减少放射性危害及防护和安全最优化的措施（如设计特点、行政控制、充分培训）。这些措施包括运行程序中规定的限值，以及广泛的辐射和污染监控计划。GSG-7[27]提供了关于辐射防护计划内容的建议。原子能机构《安全标准丛书》第 GSG-9 号《放射性流出物排入环境的监管控制》[16]和 GSG-10 号《设施和活动的预期放射性环境影响评定》[29]提供了关于控制排放和计算授权排放导致的公众照射的建议。

5.3. 研究堆需要高标准的内务管理（见 SSR-3[1]要求 76）。在干净整洁的区域，污染和辐射照射的控制非常容易。应当鼓励良好的内务管理，确保工作人员和其他人员，包括实验人员，在他们离开时或在工作或实验完成时，安排清理和恢复一个区域，并确保他们识别和及时报告任何退化的设备。营运组织应当确保采取适当的纠正措施，以保持设施材料条件的高标准。

5.4. 在大多数研究堆中，公众可以进入的区域应当离辐射源足够远，以保证在正常运行工况下，公众直接受到的外部辐射剂量可以忽略不计。公众照射通常只会因研究堆例行排放放射性流出物而发生。在估计公众照射时，应当考虑相关的照射途径（例如，通过食物链、通过云光线、来自地面沉降）。

5.5. 研究堆排放的放射性物质可能以气态、液态和固态形式出现。应对这三种类型的排放进行控制和监控，以确保这些排放的剂量低于公众照射的剂量约束。对于所有类型的排放，营运组织都必须尽量减少放射性含量和体积（见 SSR-3[1]第 6.12 段和第 7.116 段）。本“安全导则”第 6 部分提供了研究堆运行期间放射性废物管理的建议。GSG-10[29]提供了关于评定授权排放对环境影响的建议。

剂量限值

5.6. SSR-3[1]第 7.107 段指出：

> “辐射防护计划必须确保在所有运行状态和事故工况下，因照射于电离辐射而产生的剂量在研究堆设施内，或由于计划从该设施排放放射性物质而产生的剂量，必须保持在授权限值以下并合理可达尽量低的水平。”

为了满足这一要求，需要确保研究堆正常运行过程中个人的照射量不会超过相关器官和组织的总有效剂量或总等效剂量，也不会超过国家法规规定的任何相关剂量限值（另见 GSR Part 3 [2]附表 III）。

最优化原则与剂量约束

5.7.　营运组织应当采取适当措施，确保防护和安全得到最优化，以便将个人剂量的大小、照射人数和发生照射的可能性保持在合理可达尽量低水平，并考虑到经济和社会因素[13]。对于每一个辐射源，应当提供的辐射防护最优化水平，以便将个人剂量和集体剂量（正常照射和潜在照射）保持在合理可达尽量低水平。

5.8.　如本“安全导则”第 2 部分所述，与任何特定源相关的防护和安全最优化应当取决于剂量约束。剂量约束是一个与源相关的量，用于限制最优化过程中考虑的选项范围。剂量约束不是对剂量的限值，而是在最优化过程中应当被视为可接受的个人剂量值的上限。它被前瞻性地用于任务的计划和执行以及设计目的。

5.9.　为了应用最优化原则，应当在计划阶段预测所考虑的各种计划的个人剂量，并与适当的剂量约束进行比较。任何预测产生的剂量将超过约束的选项都应当被拒绝，否则应当进行修订以使得预测剂量在约束范围内。

5.10.　政府或监管机构负责建立或批准剂量约束（见 GSR Part 3[2]第 3.22 (c) 段）。在实践中，监管机构通常应当鼓励营运组织制定剂量约束，然后由监管机构批准。

5.11.　应当使用剂量约束来确保不超过公众照射的剂量限值（见第 2.4—2.7 段）。

行政控制水平

5.12.　行政控制水平是测量量的值（如剂量率、活度、活度浓度），超过该值应当采取某些特定的行动或决定。这些水平（包括记录水平、调查水平和运行干预水平）是辐射防护计划的重要组成部分。行政控制水平应当由营运组织设定，并应当符合监管要求。

5.13.　记录水平是监管机构规定的剂量、照射或摄入量水平，达到或超过该水平，工作人员接受的剂量、照射或摄入量值将输入其个人照射记录[13]。调查水平是指每单位面积或单位体积的有效剂量、摄入量或污染等数量的值，达到或超过该值将进行调查[13]。GSG-7[27]提供了关于使用记录水平和调查水平的建议。

5.14. 运行干预水平用于在紧急情况下保护公众成员。运行干预水平通常用剂量率或排放的放射性物质的活度、时间综合空气活度浓度、地面或地表浓度或环境、食物或水样中放射性核素的活度浓度来表示[13]。研究堆应急计划包含的运行干预水平值应当被用作实施保护行动的初始标准，但可以根据当前情况及其可能的演变进行修改。

研究堆现场辐射防护和剂量控制

通过来源控制进行辐射防护

选材控制

5.15. 在研究堆的设计阶段和单一实验的设计过程中，可以大幅减少照射量。特别是，应当注意在选择可能被活化的材料时，要考虑中子活化截面、半衰期和耐腐蚀性。应当仔细调查标准材料中的杂质，作为将运行人员和实验人员的剂量降至最低的一部分。

反应堆冷却剂质量控制

5.16. 研究堆的设计必须包括去除放射性物质的规定，包括活化腐蚀产物和裂变产物（见 SSR-3[1]第 6.162 段）。反应堆冷却剂应当尽可能保持无杂质，以最大限度地减少因冷却剂活化而照射的剂量率，并最大限度地减少因污染而可能出现的问题。应当保持良好的冷却剂化学性质以减少腐蚀，从而最大限度地减少腐蚀产物的活化。应当监控与反应堆冷却剂接触过物项的污染情况。应当注意确保反应堆冷却剂不会泄漏并导致污染扩散。

5.17. 应当使用过滤器和离子交换柱等去污系统来去除反应堆冷却剂中的污染物。这些系统本身可能成为重要的辐射源，设计应当提供防护最优化的功能。对于由重水慢化或冷却的反应堆，这种物质的排放也会因吸入或吸收蒸汽形式的氚水而产生危害。

束口和束管的控制

5.18. 光束端口和类似设备可能是重要的辐射源，因此应当进行良好的设计、控制和监控。光束管需要充分屏蔽（见 SSR-3[1]第 6.98 段）。不使用的光束端口应当正确关闭和屏蔽。

通过尽量减少气体物质的产生进行控制

5.19. 研究堆产生的惰性气体包括活化产物，如氩-41（在空气辐照的情况下）和作为裂变产物的氪和氙同位素。放射性气体的产生可以最小化，例如通过以下方法：

(a) 减少堆芯附近空气的进入；

(b) 密封空气空间使放射性物质衰变，或用二氧化碳或氦气（或两者的组合）等气体吹扫空气空间，或排空空气空间；

(c) 去除和密封含有放射性气体的故障燃料和有缺陷的设备。

5.20. 过滤器通常安装在通风系统中，以将颗粒放射性物质保留在厂房内，并减少向环境的排放和公众照射。在靠近辐射源的地方安装过滤器有助于防止放射性物质在管道中积聚，从而减少污染空气泄漏到工作场所的可能性，并防止管道成为外部辐射源。

辐照燃料的控制

5.21. 辐照燃料是一个重要的辐射源，应当以避免包壳腐蚀和/或故障、燃料熔化和意外临界可能性的方式装卸和贮存。SSG-15（Rev.1）[18]提供了关于乏燃料贮存的特定建议。

通过尽量减少废物进行控制

5.22. 研究堆产生的放射性废物也是辐射源，需要尽可能减少（见 SSR-3[1]第 6.12 段和第 7.116 段）。放射性废物在处置之前和处置时，应当进行隔离、包容、屏蔽并放置在指定的收集点。

通过实物控制和利用时间和距离进行辐射防护

5.23. 设计中需要包括适当的工程控制，如屏蔽、通风和衰减系统（见 SSR-3[1]第 6.94 段）。还应当通过利用距离和时间来提供辐射防护。在需要降低屏蔽外所有地方剂量率的地方应当使用屏蔽，在需要控制空气中放射性物质水平的地方应当使用通风。应当考虑利用时间和距离作为减少照射的额外方法。这些因素在研究堆运行中的应用方式将在以下小节中讨论。

屏蔽

5.24. SSR-3[1]第 6.98 段指出：

> "设计不仅必须包括反应堆所需的屏蔽，还必须包括实验设备和相关设施（例如束管、粒子导管或中子射线照相或硼中子俘获疗法设施）所需的屏蔽，并必须规定安装与反应堆和其他辐射源的未来利用相关的必要屏蔽。在使用束管和其他实验设备时，必须适当考虑危害评定和屏蔽安排。"

5.25. 应当考虑对研究堆的所有辐射源进行屏蔽的必要性（见第 3.16 段和附件 I），其中包括：

(a) 反应堆堆芯；
(b) 反应堆冷却剂系统；
(c) 过滤器；
(d) 离子交换柱；
(e) 氩气排气管；
(f) 光束端口、光束管和光束靶；
(g) 辐照样品和设备；
(h) 放射性气态或液态流出物的储罐；
(i) 辐照燃料。

5.26. 在屏蔽设计中，应当考虑到在大多数情况下存在中子和 γ 混合辐射场的事实。中子和 γ 辐射被不同的材料衰减，并且由于中子散射还应当考虑不同屏蔽材料的顺序。

通风

5.27. 通风应当作为提供新鲜空气的一种手段，用于呼吸和去除和/或稀释工作环境中存在的放射性污染物。通风也是保持环境温度和湿度的手段。必要时，应当保持轻微的欠压以密封受污染的空气。关于研究堆通风系统的设计的建议见第 4.63－4.67 段。根据设施的设计，应当在反应堆上方安装通风装置以控制氩-41 的浓度，并在燃料包壳故障的情况下控制裂变产物气体的浓度。

5.28. 要求提供具有适当过滤的通风系统，以便在运行状态和事故工况下使用（见 SSR-3[1]第 6.99 段）。根据研究堆的设计，通风系统应当包括一个带有木炭过滤器单独的子系统，用于涉及放射性排放的事故工况。在许多研究堆中，通风系统对于实现密封功能是必不可少的。

5.29. 通风系统的效率应当根据完整性、不同区域每小时换气次数、流速、速度和压力进行常规检查。应当定期视察和评定过滤器的效率。

距离

5.30. 应当使现场工作人员认识到需要有效利用他们与辐射源之间的距离，并需要尽可能呆在剂量率较低的区域。使用特殊工具可能有助于增加与来源的距离。距离控制可以与屏蔽相结合。例如，机械手或机器人可以用于在防护盾后面从更远的距离远程控制的动作。

时间

5.31. 应当尽量减少人员在高剂量率地区的时间。在某些情况下（即即使在使用屏蔽和距离后剂量率仍很高），这可能是唯一可行的剂量控制方法。对于必须在高剂量率区域执行的任务应当计划行动，并在可能的情况下，在有模型或没有源的情况下进行练习。这使相关人员能够改进程序并更快地执行任务，它还提供了在问题出现之前预测问题的机会。

放射性衰变

5.32. 活化材料、设备和样品在装卸前应当尽可能长时间地衰变。这通常需要仔细的计划和安排。在某些情况下，通过延迟系统（如储罐）来确保适当衰变的时间。

去污

5.33. 常规操作和实验可能涉及受污染部件和设备的装卸，并可能导致表面污染的扩散。因此，在受控区域和设备中皮肤、衣物、工具、表面去污需要程序、设施和设备（见 SSR-3[1]第 6.101 段，另见本“安全导则”第 4.50－4.53 段）。应当建立同时考虑污染物和被污染材料的程序。

5.34. 从放射性系统中取出用于维护或研究目的的所有物项，在从控制区排放之前都应当进行去污，使其低于规定的污染限值。

5.35. 厂房中可能被污染的部件和区域的设计必须便于去污（见 SSR-3[1]第 6.97 段)。为了促进有效的去污，可能被污染的表面应当光滑且易于清洁。这适用于区域、配件和家具的表面，也适用于设备和实验设备。

个人防护装备

5.36. 应当优先预防、消除或控制放射性危害来源。然而，在某些情况下，空气和表面污染的残留来源可能会继续在研究堆中构成照射危害。在个人可能受到污染的情况下，营运组织需要提供适当的个人防护设备，包括防护服（见 GSR Part 3[2]第 3.95 (a) 段 ）。

5.37. 防护服和设备应当与放射性危害相称，可以从简单的实验室外套、手套和套鞋到有空气供应当的全套防护服不等。为了保护眼睛的晶状体，必要时应当提供塑料或安全玻璃护目镜。个人防护设备应当按照适当的程序使用，并应当提供正确使用的培训和复训。附件 II 提供了进一步的资料。

5.38. 需要使用特定个人防护设备（如呼吸设备）的任务必须分配给根据医疗建议能够安全地维持所需额外努力的工作人员（见 GSR Part 3[2]第 3.95 (c) 段)。

5.39. 无论何时考虑在任何特定任务中使用个人防护设备，都需要考虑由于穿戴设备造成的任何不便而耗费额外时间而可能导致的任何额外照射（见 GSR Part 3[2]第 3.95 (e) 段)。

通过行政控制进行辐射防护

5.40. 本地规则和运行程序中规定的行政控制是辐射防护计划的重要组成部分。应当注意确保只采取合理和必要的措施。应当在培训计划中强调遵守行政控制，并应当以适当方式加以执行。

5.41. 在建立行政控制时，营运组织应当考虑到人的因素。应当通过提供适当的防护措施和安全措施（包括工程控制）以及令人满意的工作条件，尽量减少对行政控制的需求。

5.42. 作为辐射防护计划的一部分，需要建立一个工作场所监控计划（见 SSR-3[1]第 7.110 (b) 段）。应当维持和定期评审这一计划，并可包括监控以下方面：

(a) 放射性物质泄漏（例如通过“擦拭试验”或其他手段）；

(b) 剂量率（即中子、β 和 γ 辐射）；

(c) 表面污染；

(d) 空气污染。

区域分类和出入控制

5.43. 研究堆内的区域需要根据 GSR Part 3[2]要求 24 进行分类（见本“安全导则”第 5.44－5.51 段）。区域的指定应用适当的警告标志表示，提供关于危害性质的信息（见本“安全导则”第 5.49 段）。

5.44. 为了最大限度地减少摄入放射性物质的可能性，在有污染的区域应当禁止进食、饮水、吸烟或使用化妆品等行为。

5.45. GSR Part 3[2]第 3.88 段指出（脚注略）：

> “[营运组织]必须将需要或可能需要采取特定防护和安全措施的任何区域指定为控制区：
>
> (a) 在正常运行中控制照射或防止污染扩散；
>
> (b) 防止或限制在预计运行事件和事故工况下照射的可能性和程度。”

5.46. 在确定任何控制区的边界时，应当考虑到预计正常照射量、潜在照射的可能性和程度，以及防护和安全程序的性质和范围。在研究堆中，控制区通常被监督区包围。

5.47. GSR Part 3[2]第 3.90 段指出，营运组织：

> “(a) 必须以实际手段划定控制区，如果不是这样，则必须划定控制区合理可行的，通过一些其他合适的方式；
>
> (b) 如某源只是间断地投入使用或通电，或从一个地方转移到另一个地方，则须以在当时情况下适当的方式划定适当的控制区，并须指明照射时间；

(c) 必须显示国际标准化组织推荐的符号……并必须在受控区域的入口和适当位置显示说明；

(d) 必须制定防护和安全措施，包括酌情控制污染扩散的实物措施以及控制区的本地规则和程序；

(e) 必须通过行政程序（如使用工作许可）和实物屏障（可包括锁或联锁）限制进入控制区，密封程度与照射的可能性和程度相称；

(f) 必须酌情在受控区域的入口处设置：

  (i) 个人防护设备；

  (ii) 个人监控和工作场所监控设备；

  (iii) 适合存放个人衣物。

(g) 必须酌情在控制区出口设置：

  (i) 监控皮肤和衣物污染的设备；

  (ii) 监控任何物体或材料污染的设备从该区域移走；

  (iii) 洗涤或淋浴设施和其他个人去污设施；

  (iv) 受污染的个人防护设备的合适贮存。

  (h) 必须定期评审情况，以评定是否需要修改防护和安全措施或控制区边界；

  (i) 必须为在控制区工作的人员提供适当的信息、指导和培训。”

5.48. 在一些地区，只有通过限制在那里停留的时间或使用特殊的防护设备才能实现防护最优化。应当考虑根据剂量率或非固定污染水平定义控制区内的不同区域。有些区域需要特别限制进入。本地规则（见 GSRPart 3[2] 第 3.94 段）或辐射工作许可可用于进入此类区域的行政控制。

5.49. 应当在控制区的入口点以及在适当的情况下，在控制区内的特定区域和其他适当位置，展示包含适当信息（如放射性水平或污染水平、区域类别、进入程序或进入时间限制、应急程序和紧急情况下联系人的信息）的警告标志。跨越区域边界的人员应当立即意识到（例如通过使用不同的墙壁颜色）他们进入了另一个区域，在该区域，剂量率或污染水平以及工作条件是不同的。

5.50. GSR Part 3[2]第 3.91 段指出：

“[营运组织]必须将尚未指定为控制区但需要不断评审其职业照射条件的任何区域指定为监督区，即使通常不需要采取特定防护和安全措施。”

5.51. GSR Part 3[2]第 3.92 段指出：

“[营运组织]，考虑到受监督区内照射或污染的性质、可能性和程度：

(a) 以适当方式划定受监督区；

(b) 必须酌情在监督区的入口展示经批准的标志；

(c) 必须定期评审条件，以评定是否需要采取进一步的防护和安全措施，或是否需要改变受监督区的边界。”

批准涉及放射性危害的工作

5.52. 营运组织应当实施涉及放射性危害的工作的正式批准制度。申请这种批准也提高了工作人员对与工作相关的放射性危害的认识。申请应当包括工作的正当性。可以为这种申请制定适当的标准，以避免需要大量的正式批准。应当在包含角色和职责的过程中指定获得批准的方式。

5.53. 工作许可：营运组织应当酌情建立工作许可制度（见 GSG-7[27]第 3.94－3.96 段），以执行涉及放射性危害或其他危害的某些任务。工作许可应当由研究堆内的适当人员批准，在控制辐射照射方面，工作许可可包括以下信息：

(a) 工程的标识、位置和描述；

(b) 确定责任人；

(c) 确定参与工作的工作人员及其以前的职业照射；

(d) 工作人员的资格；

(e) 照射控制数据（如剂量目标、最大照射时间、实际接受剂量、进出时间）；

(f) 放射性条件，包括任何调查结果；

(g) 个人监控安排；

(h) 防护服和设备；

(i) 特别注意事项或说明；

(j) 工作完成后的行动；

(k) 恢复正常配置的规定；

(l) 工作人员签名，声明他们已经阅读并理解必要的预防措施；

(m) 批准签名。

5.54. 实验批准：所有新的实验都需要经过一个过程，其中包括反应堆安全委员会的评审，对安全有影响的实验应当酌情提交给监管机构进行评审和批准（见 SSR-3[1]要求 83 和第 4.27 (c) 段）。SSG 24（Rev.1）[12]提供了进一步的建议。评审必须包括对实验正常和异常运行期间可能出现的放射性危害评定（包括调试、退役、处置前管理以及废物和活化部件的处置）。

5.55. 常规辐照批准：对于常规操作，如同位素生产或活化分析样品辐照，营运组织应当制定实用程序，如仅包含最重要信息的简单辐照表。这种常规操作应当得到研究堆内适当人员的批准。非常规辐照应当被视为一项新的实验（见第 5.54 段）。

5.56. 设施改造：需要检查设施改造的安全影响（见 SSR-3[1]要求 83）。任何改造的实施可能需要反应堆安全委员会的评审对安全重要物项的改造应当视情况而定提交给监管机构进行评审和批准。SSG 24（Rev.1）[12]提供了进一步的建议。

5.57. 程序：要求为所有与安全相关的活动和运行以及辐射防护活动制定和批准程序（见 SSR-3[1]第 7.45 段和第 7.58 段）。这些程序（以及任何修订）应当酌情接受评审和批准（即由反应堆经理、反应堆安全委员会和监管机构）。研究堆的管理系统应当包括一个过程，以确保当前有效的程序得到使用。SSG-83[7]、GS-G-3.5[24]和 GSG-16[25]提供了进一步的建议。

公众的防护的最优化

5.58. 如第 2.4－2.7 段所述，需要为研究堆确定公众照射的剂量约束。营运组织应当将此剂量约束作为公众的防护的最优化流程的起点。最优化过程的结果应当作为确定授权排放限值的基础（见 GSG-9[16]第 5.13 段和第 5.14 段）。

排放限值

5.59. 监管机构必须建立或批准研究堆的授权排放限值（见 GSR Part 3[2]第 3.123 段）。应当根据单位时间（即每周、每月和/或每年，视情况而定）的排放量设定授权限值。

5.60. 要求营运组织确保不超过研究堆排放的授权限值（见要求 59 和 SSR-3[1]第 6.211 (e) 段）。此外，反应堆管理层[2]可在最优化的基础上并在授权范围内设定自己的行政控制水平（见本“安全导则”第 5.12－5.14 段）。超过剂量约束应当引发营运组织的行动（如调查和行政措施）。超过剂量约束也可能引发监管机构的行动，然而，超过剂量约束不应当代表违反监管规定，如超过剂量限值则会出现这种情况（见 GSG-9[16]第 5.17 段）。

排放和废物的记录保存

5.61. 要求根据 SSR-3[1]要求 82 记录气态和液态放射性物质的排放，这些记录应当证明符合授权的排放限值。要求保存产生的任何放射性废物的记录（见 SSR-3[1]第 7.115 段）。此类记录应当包括任何临时现场废物贮存的计划持续时间和位置。如果发生重大泄漏，应当保留记录以备将来退役活动使用。

6. 研究堆的运行中放射性废物管理

6.1. 研究堆的运行产生了各种类型和数量的气态、液态和固态放射性废物。该等废物的性质及数量取决于以下因素：

(a) 研究堆的类型；

(b) 特定设计特点；

(c) 运行程序和实践；

(d) 各种目标的辐照，包括用于放射性同位素生产和中子活化分析的目标；

(e) 维护计划；

(f) 对设施和活动进行改造，以延长研究堆的寿命；

(g) 换料和运行事件；

---

[2] 反应堆管理层由营运组织的成员组成，他们被分配了指导研究堆运行的责任和权力。

(h) 设施的运行历史；

(i) 燃料的完整性。

6.2. SSR-3[1]要求 85 规定：“**研究堆设施的营运组织必须制定并实施放射性废物管理计划。**”根据 SSR-3[1]要求 12，该计划可采用分级方法。

6.3. 研究堆放射性废物管理计划需要包括下列规定：

(a) 通过使用适当的技术，将放射性废物的产生在活度和体积方面保持在可行的最低限值；

(b) 材料的可能再利用和回收；

(c) 根据废物的物理、化学和放射性特征对其进行适当分类和隔离，并对每一放射性废物流保持准确的库存，同时考虑到去除、处置前管理和处置方面的现有备选办法；

(d) 放射性废物的收集、表征和安全贮存；

(e) 为预期产生的放射性废物提供足够的贮存能力；

(f) 确保放射性废物能够在贮存期结束时得到视察和回收；

(g) 放射性废物的预处理、处理和整备，以确保安全贮存和处置；

(h) 放射性废物的安全装卸和运输；

(i) 充分控制污水向环境的排放；

(j) 监控排放到环境中的污水；

(k) 维护收集、装卸和贮存废物的设施和设备，以确保安全可靠地运行；

(l) 监控贮存地点放射性废物的密封装置的状况；

(m) 通过视察和定期分析监控放射性废物特征的可能变化，特别是在长期贮存的情况下；

(n) 必要时开展研究和开发活动，以改进处理放射性废物的现有方法或开发新技术，并确保有适当的程序回收贮存的放射性废物；

(o) 根据监控结果采取和实施纠正措施。

6.4. GSR Part 5[3]规定了放射性废物预处置管理的一般要求，原子能机构《安全标准丛书》第 SSG-40 号《核电厂和研究堆放射性废物的处置前管理》[17]提供了满足这些要求的特定建议。GSG-3[28]提供了关于放射性废物管理活动和设施的安全评定和安全论证文件开发的建议。

研究堆放射性废物的产生的管理

气态放射性废物

6.5. 研究堆运行期间产生的气态放射性废物的典型来源包括：

(a) 水池、冷却剂系统、辐照设施和实验设备中的气态放射性元素或化合物；
(b) 辅助设施中产生的空气放射性物质，包括通风柜和去污区。

6.6. 应当采取适当措施，将气态放射性废物的产生控制在切实可行的最低限度，例如：

(a) 有可能产生气态放射性废物的地区应当提供空气或覆盖气体的更新，并使用适当的过滤器收集废物；
(b) 在排放到烟囱之前，安全壳或密封装置之外的受控区域的通风系统应当包括高效微粒空气（HEPA）过滤器和木炭床或除雾器；
(c) 惰性气体气氛应用于辐照目标的转移和冷却；
(d) 冷却剂杂质的水平应当保持在尽可能低的水平；
(e) 应当仔细计划维护活动，以减少气态废物泄漏的可能性。

液态放射性废物

6.7. 研究堆运行期间产生的液态放射性废物的典型来源包括：

(a) 冷却水排污；
(b) 一回路系统排放（在轻水堆的情况下）；
(c) 软化水厂产生的液态废物；
(d) 通风水系统的排水（例如，来自冷凝或来自系统内的洗涤器或冷却器）；
(e) 从维护操作中大型设备的排水中回收的除盐废水；
(f) 洗盆和淋浴液；
(g) 地漏液体；
(h) 来自实验室的液体（这些液体可以是放射性的，也可以是非放射性的）。

6.8. 应当采取适当措施，将研究堆产生的液态放射性废物控制在切实可行的最低限值，例如：

(a) 选择合适的反应堆材料，例如避免使用含钴的材料；

(b) 减少各种系统的泄漏（另见 SSR-3[1]第 6.202 段）；

(c) 调整冷却剂的化学成分，以尽量减少与反应堆材料的反应，并尽量减少沉积物；

(d) 以应当有的谨慎计划和执行维护工作，并特别强调避免污染扩散的预防措施；

(e) 采取预防措施，避免污染设备和厂房表面，以减少去污的需要；

(f) 优化去污程序；

(g) 通过适当选择废物处理方法，减少次生废物的产生。

固态放射性废物

6.9. 研究堆运行期间产生的固态放射性废物的典型来源包括：

(a) 辐照靶罐；

(b) 使用过的辐照装置和反应堆部件（如热电偶）；

(c) 中子束导管；

(d) 用过的控制棒；

(e) 水池服务区产生的废物；

(f) 通风系统废物（如木炭过滤器、HEPA 过滤器）；

(g) 废离子交换树脂；

(h) 清洁材料和用过的个人防护设备；

(i) 实验室废物（如手套、鞋套、薄纸、一次性玻璃器皿）；

(j) 维护和其他工程产生的污染物项。

上面列出的一些物项可能不适用于次临界组件。

6.10. 应当采取适当措施，将研究堆产生的固态放射性废物控制在切实可行的最低限值，例如：

(a) 精心计划和执行维护工作；

(b) 严格控制放射性物质的包装和装卸；

(c) 避免产生次生放射性废物，例如，限制将包装材料和其他不必要的材料带入控制区；

(d) 气态和液态放射性废物处理系统的有效运行；

(e) 控制污染的有效程序和使用有效的去污方法；

(f) 采取良好的隔离实践，包括在废物产生点和贮存进行衰变或去污后材料解控；

(g) 选择不易活化的材料（例如，动兔系统中使用的目标载体使用纯塑料），并在可行的情况下重复使用和回收材料（例如，使用钛储罐）。

放射性废物的管理中的防护最优化

6.11. 根据 SSR 3[1]要求 34，营运组织需要通过优化放射性废物的装卸、处理、运输、贮存和转移的辐射防护安排，确保工作人员和公众因废物管理操作而受到的辐射尽可能低。为此，应当采取以下适当措施：

(a) 查明与放射性废物管理活动和设施相关的所有可信的照射途径（对工作人员和公众而言）；

(b) 对研究堆产生的所有放射性废物的装卸、预处理、处理、整备、运输、贮存和处置遵循书面程序；

(c) 使用适当的防护设备和屏蔽，并实施辐射监控计划（见第 7 部分）；

(d) 在运行状态和事故工况下，使用充分的通风来管理气态流出物和控制排放；

(e) 明确规定使用合理保守的方法和模式得出的每种废物流和授权排放点的排放限值；

(f) 遵循记录在案的辐射监控运行程序，并评定结果以证明排放在规定限值内；

(g) 使用记录在案的系统来证明和报告对排放限值的符合情况；

(h) 使用具有适当屏蔽的指定工作区处理未密封的放射性废物；

(i) 遵循关于定期测量放射性废物仓库外以及放射性废物装卸、隔离、装卸和包装区域放射性水平的书面程序。

研究堆中放射性废物的包装和密封

6.12. 根据 GSR Part 5[3]要求 10，研究堆运行产生的放射性废物需要包装，以提供适当程度的密封，最大限度地减少放射性核素迁移或扩散的可能性，并限制与包装相关的外部剂量率。

6.13. 关于研究堆放射性废物的包装，应当采取适当措施，尽量减少放射性核素迁移或扩散的可能性，并限制外部剂量率，例如：

(a) 为废物装卸和包装提供适当的区域和设施。
(b) 根据 SSR-3[1]第 7.118 段，遵循放射性废物的隔离、装卸和包装的适当书面程序。这些程序应当考虑到废物的物理和化学形状、自燃或其他危害性质，以及废物的放射性特征和贮存及最终处置方法；
(c) 采用书面程序，确保容器清楚地标有辐射警告符号、放射性内容物（即放射性核素和废物形状）的描述、包装时的活度、废物的其他危害、包装日期以及为获得进一步信息或发生异常工况而联系的人员姓名；
(d) 应用记录的程序，在每个货包表面和距离每个货包表面的规定距离进行剂量率测量，并记录结果，以确保符合废物验收标准（见 GSR Part [3] 要求 12）；
(e) 使用足够体积的溢出托盘；
(f) 遵守关于放射性废物货包和运输的国家和国际导则。

6.14. 放射性废物的活度含量和化学成分各不相同，这两者都是确定合适的包装和处置计划的重要因素，以满足研究堆的营运组织、处置设施的营运组织和监管机构的要求。某一特定废物处置计划的关键参数可能与另一个计划的最重要参数不同选项。应当考虑参考文献[30]第 4 部分描述的废物货包的重要参数。

放射性废物在研究堆的贮存

6.15. GSR Part 5[3]要求 11 规定：

> **“废物的贮存方式必须使其能够被视察、监控、回收和保存在适合其后管理的条件下。必须适当考虑预计贮存期，并必须尽可能采用非能动安全设备。特别是对于长期贮存，必须采取措施防止废物容器退化。”**

原子能机构《安全标准丛书》第 WS-G-6.1 号《放射性废物的贮存》[31]提供了关于放射性废物贮存的建议。

6.16. 如果放射性废物贮存在研究堆，则应当考虑整个所涉期间的防护和安全（必要时包括临界状态安全）。就产生热量的废物而言，冷却需求可能会对废物货包和贮存设施提出额外要求，因此也应当予以考虑。在研究堆贮存期间，废物货包应当能够保持在规范范围内（例如废物验收标准），并且在必要时，在随后取回运输和处置时易于完整包装。包装的一些老化是不可避免的，因此，应当确保贮存的货包没有过度的表面腐蚀或其他变质方式。对于用盖子和密封装置封闭的包装，密封可能特别容易老化，在极端情况下，可能需要采取补救措施。用于包装的材料可能会因辐射照射而产生影响，从而影响材料的强度。这种影响，以及有机材料的生物降解，可能会导致气体的产生。如有必要，应当使用非能动通风系统来排放内部压力。非能动通风系统的设计应当尽量减少湿气的进入和放射性废物从容器中的排放。

6.17. 贮存设施的位置、设计、建造、运行、安全和维护应当适当，以便安全保管废物货包，保护人员和环境免受与放射性废物相关的放射性危害。

6.18. 放射性废物贮存设施的容量必须足以接受研究堆在正常运行和预计运行事件发生后的最大运行容量（见 SSR-3[1]第 6.27 (c) 段）。

6.19. 研究堆放射性废物贮存设施的位置、设计、建造、运行和维护应当具有以下特征：

(a) 贮存设施的位置应当适当，以尽量减少潜在危害（自然危害和人为危害）的影响；
(b) 贮存设施应当位于地下水位以上；
(c) 贮存设施的建造应当使用耐用的阻燃和耐热材料（另见 SSR-3[1]第 6.50 段）；
(d) 考虑到现场的其他核设施，应当采用保守的设计方法来限制贮存设施内部和周围的外部剂量率，以帮助确保个人剂量保持在剂量约束范围内；
(e) 贮存设施的设计应当控制可能发生的任何气态或液态放射性排放造成的污染扩散；
(f) 贮存设施内的表面应当易于去污；
(g) 贮存设施应当提供足够的空间，用于堆放、分类和目视视察货包。应当考虑远程搬运设备（如远程起重机操作）；

(h) 应当规定贮存设施保持适当的环境条件（如温度、湿度），以确保妥善保存废物货包；
(i) 应当提供适当的监控系统（针对贮存区空气和废气）；
(j) 如果产生热量的废物可能存在，则应对其进行冷却；
(k) 应当提供在紧急情况下装卸废物货包的合适设备；
(l) 贮存设施的维护计划应当记录在案，并保存所有维护活动的记录；
(m) 应当在贮存设施的每个入口处展示适当的辐射警告标志；
(n) 应当设置一个系统，以提取贮存的放射性废物产生的任何气体或蒸汽；
(o) 应当作出规定，防止贮存设施内或周围发生火灾时放射性物质的扩散。

6.20. 放射性废物货包应当适合研究堆的贮存类型和可预见的贮存时间。

6.21. SSR-3[1]第 7.118 段指出："放射性废物的装卸、加工、运输和贮存必须遵循书面程序。"这应当包括以下程序：

(a) 贮存寿命短的放射性废物，使其衰变到可以根据 GSR Part 3[2]要求 8 和附表 I 从监管控制解控的活度水平；
(b) 使用短期放射性废物贮存容器，包括需要清楚地标明废物的详细情况（例如放射性核素、活动、贮存日期、负责人）；
(c) 保存所有废物货包和容器及其贮存内容物的准确清单；
(d) 定期视察和监控贮存的放射性废物、贮存设施及其环境。

6.22. 应当定期评审放射性废物的装卸、预处理、处理、整备、运输、贮存和处置的书面程序和系统。

6.23. 无论何时装卸或移动废物货包（即存放、取回或在现场内外运输），都应当进行辐射监控和目视视察，以核实对运行人员的保护，防止污染的意外扩散，并提供额外的库存检查。

与研究堆放射性废物管理相关的文件

6.24. SSR-3[1]第 7.119 段指出："必须适当记录在反应堆场址装卸和贮存或为装卸、贮存或处置目的从反应堆场址移走的放射性废物的数量、类型和特征。"该记录还应当描述废物的位置以及与放射性废物相关的安全和安保措施。GSG-16[25]提供了关于放射性废物管理记录保存的进一步建议。

应当根据“安全导则”对与放射性废物相关的敏感信息的管理做出适当安排（见参考文献[32]）。

6.25. 应当保存一个登记册或数据库，其中包括与每个放射性废物货包相关的下列信息：

(a) 放射性核素和活度、废物类型以及物理和化学特征；
(b) 监管链和责任（包括验收、移动、贮存、发货和处置的细节）；
(c) 用于固定的废物基质（如适用）；
(d) 废物的处理和/或整备方法；
(e) 货包的标识号。

6.26. 应当根据书面程序保存与贮存的放射性废物的视察和监控以及相关的环境监控相关的记录。

6.27. SSR-3[1]第 7.117 段指出：

> “必须监控液态和/或气态放射性流出物向环境的排放，并记录其结果，以核实是否符合授权限值。还必须根据监管机构的要求定期向监管机构或其他主管当局报告。”

6.28. 详细说明符合法规要求的文档应当妥善维护并应当易于检索。

研究堆放射性废物的分类、表征和隔离

6.29. 放射性废物的分类有助于制定管理策略和在研究堆实施放射性废物管理计划。在原始废物的产生及其装卸、贮存、运输和处置之间的任何阶段，对具有不同特性的废物进行分类也将是有益的。也可出于安全评定目的以及在整备过程中对废物和废物货包进行质量管理，对废物进行表征。

6.30. 废物表征应当在废物管理的各个步骤中进行。定性过程应当包括测量物理和化学性质和参数、识别放射性核素和测量放射性含量。这种测量对于监控放射性废物或废物货包在整备、贮存和处置各个阶段的历史，以及为将来保存记录和确认处理的有效性是必要的。

6.31. 一般而言，废物产生者负责废物表征，这是最终处置验收的基础。GSR Part 5[3]要求 9 规定：“**在放射性废物预处置管理的各个步骤中，必须根据监管机构制定或批准的要求对放射性废物进行表征和分类。**”

6.32. 根据 SSR-3[1]第 7.118 段，放射性废物的表征和隔离以及将废物归入特定类别都需要遵循书面程序。

6.33. 关于放射性废物分类的目的、方法和途径的建议见原子能机构《安全标准丛书》第 GSG-1 号《放射性废物的分类》[33]。

6.34. 研究堆的放射性废物管理计划应当包括放射性废物隔离的安排。为确定放射性废物的装卸、处理和贮存安排，应当考虑到以下方面：

(a) 废物的来源；
(b) 临界安全；
(c) 放射性特性（如核素的半衰期、活度和活度浓度、剂量率）；
(d) 其他物理特性（如尺寸和质量、压实度、溶解度）；
(e) 化学特性（如耐腐蚀性、可燃性、产气性质）；
(f) 生物特性（如生物危害）；
(g) 预计加工、贮存和处置方法。

6.35. 原子能机构的废物分类区分了可豁免或不受监管控制的材料、极低水平废物、低水平废物、中水平废物和高水平废物和极短寿命废物[33]。在处理含有 α 放射性核素的废物时应当特别小心，这种废物可能来自故障的燃料。应当小心处理含有易燃、自燃、腐蚀性或其他危害物质的废物。应当避免将此类废物与其他废物混在一起。

6.36. 对于水池、冷却系统、辐照设施和实验设备产生的气态放射性废物，以及辅助设施（如活跃实验室的通风柜和去污区）产生的气态废物，应当单独考虑处理方案。

6.37. 固态放射性废物应当根据其性质和活度浓度进行分类。废物，如污泥、筒式过滤器、用于生产放射性同位素的故障辐照靶、辐照罐装材料、辐照设备、受污染的设备和部件、通风过滤器和其他固态废物（如纸张、塑料、手套），应当根据其处理所采用的处理和整备类型（如压实、焚烧、固定）进行分类。

研究堆放射性废物的加工

6.38. 在研究堆处理放射性废物可能会产生适合授权排放的流出物、适合其他授权用途的材料和/或符合监管解控标准的材料（见 GSR Part 3[2]附表 I）。GSR Part 5[3]规定了废物处理不同要素的要求－预处理、处理和整备。作为研究堆安全评定的一部分，应对将要产生的废物进行评定。

6.39. 研究堆运行产生的放射性废物必须按照书面程序进行加工（见 SSR-3[1]第 7.118 段）。

6.40. GSR Part 5[3]第 4.13 段指出："必须尽快将废物转化为安全和非能动的形状以便贮存或处置。"

6.41. 对放射性废物进行处理后产生的废物货包应当符合装卸、运输、贮存和处置放射性废物的废物验收标准。

气态放射性废物

6.42. 当气体受到污染，或当设施中存在或使用的气体受到放射性气溶胶、蒸汽或气体的污染，或当气体的成分在穿过反应堆堆芯或靠近堆芯时被激活时，就会产生气态放射性废物（见第 6.5 段）。

6.43. 研究堆厂房内的空气可能因含有放射性流体系统的气体或蒸汽泄漏、设施内作为表面污染存在的细颗粒物质的再悬浮或细颗粒物质的处理而受到污染。通风系统（见 SSR-3[1]要求 64）应当包括持续监控空气污染的规定，如有必要，空气在从设施排放前应当进行处理。这种处理可以采取过滤微粒和气溶胶和/或吸附挥发性物质和气态污染物的形式。应当确保气体污染物的含量不会达到需要特殊处理的程度。

6.44. 由于潜在的空气传播污染，研究堆中的某些隔间或离散设备可能具有局部通风。要由这种局部通风系统处理的空气也可以通过过滤和/或吸附来处理，或者连续处理，或者在监控表明有必要时处理。

6.45. 研究堆内的某些系统可能需要有废气系统来去除气体，以便控制系统内的压力，从系统中去除放射性气体，或者在出于运行原因或维护目的打开系统之前去除气体。此类废气系统可能含有大量污染物，在对此类系统进行任何维护工作之前，可能需要留出放射性衰变的时间，或者安排去污、通过颗粒过滤吸附挥发性物质或使用其他化学和物理清洁方法。

6.46. 经过处理的空气一般可在适当监控后从研究堆排出，加工气体可以重复使用或排放，同样需要必要的监控和控制。

6.47. 作为研究堆安全评定的一部分，应对将产生的气态废物进行评定。这种评定应用于气态废物处理系统的设计，特别是这类系统的必要容量和效率，同时考虑到可能影响系统的气态废物的特性，如腐蚀性、易燃性或爆炸性。

6.48. 在评定设备或设施运行模式的任何变化或引入设施的实验时，应当适当考虑可能产生的对气态放射性废物的类型和数量的任何影响，以及对气态放射性废物处理系统能力的可能影响。

液态放射性废物

6.49. 在处理液态放射性废物时，应当考虑到待处理废物的数量、存在的放射性核素、活度浓度、微粒浓度、化学成分和可能存在的腐蚀性物质。

6.50. 为了在研究堆有效处理液态放射性废物，应当考虑以下因素：

(a) 在选择处理方案时，应当仔细考虑所有相关因素，包括职业照射和公众照射，以及次生废物的产生；
(b) 活度较高的废物不应当被较低活度的废物稀释。含有较高活度溶解或分散固体的液态放射性废物不应当与含有较低活度固态废物混合；
(c) 应当考虑不同废物流和废物处理设备的化学相容性。应当考虑到放射性废物可能与处理和整备设备的组成部分不相容（例如，由于潜在的腐蚀），并应当在处理过程中严格控制废物的化学成分；
(d) 如果液体在处理和整备后被回收，应当注意化学交叉污染的可能性，以避免不必要的处理；
(e) 如果要处理成分超出正常范围的放射性废物，应当考虑在设备恢复正常运行前对其进行冲洗；
(f) 在处理废物时，应当根据防护和安全安排对相关加工参数进行严格控制。

6.51. 应当考虑从化学整备（预处理）和活度去除（处理）的角度对含水液态放射性废物进行处理[13]。含有硼酸或有机物的放射性废物可能需要特殊处理。油等非水性液态放射性废物应当分开单独处理。

6.52. 对于液态废物的处理，包装、废物容器和基质应当使用合适的材料。包装和容器应当适当填充、密封并贴上标签，以产生适合装卸、运输、贮存和处置的废物货包。

固态放射性废物

6.53. 固态放射性废物可能是不均匀的，应当确保处理前的任何取样具有代表性，以确认与预定加工的兼容性，并应当为这种取样做出适当安排。

6.54. 从研究堆生产可接受形状的固态废物有多种方法。如果可能，应当采用体积减少量大的加工，使用经过证实的技术，如压实和焚烧。

放射性废物的运输

6.55. 放射性废物可以在研究堆内处理，也可以在场内或场外设施处理，这取决于本地的安排。营运组织应当为放射性废物的现场移动制定适当的程序和安排。原子能机构《安全标准丛书》第 SSR-6（Rev.1）号《放射性物质安全运输条例》[34]规定了将放射性废物运出现场的要求。

6.56. 辐射防护计划（见第 5.2 段）应当包括包装放射性废物的处理程序，以最大限度地减少人员的照射，并确保放射性废物的场内移动和场外运输的安全。

研究堆放射性排放的控制和符合性监控

6.57. 营运组织必须向监管机构申请在运行状态下排放气态和液态放射性废物的授权（见 GSR Part 3[2]第 3.123 段）。GSG-9[16]提供了关于建立此类排放限值的建议。

6.58. 设定授权排放限值的目的是确保公众成员因此类排放而遭受的辐射剂量不超过剂量约束（基于对代表人遭受的剂量的评定），并确保公众成员遭受的此类剂量尽可能低。营运组织在向监管机构申请排放授权时，应当考虑研究堆所有运行状态的预期排放，以及未来所有可能的运行变化的预期排放。

6.59. 排放水平建议应当包括通过适当建模对预计放射性后果进行评定。应当估计代表人的预期剂量。进行一项生活方式调查以确定哪些公众会因排放而受到最大影响可能是有用的。

6.60. 监管机构在适当考虑研究堆营运组织的申请后，应当设定液态放射性废物和气态放射性废物排放的授权限值。要求营运组织确保所有排放都低于这些授权限值（见 SSR-3[1]第 7.107 段）。

6.61. 要求通过监控证明符合授权的排放限值，包括批准的取样和测量方法（见 SSR-3[1]第 7.117 段）。监控结果也需要记录。

6.62. SSR-3[1]第 7.113 段指出："如果……超过放射性排放的授权限值，必须根据要求通知反应堆经理、安全委员会、监管机构和其他主管当局。"还应当制定处理任何超过行政控制水平的异常排放的安排，包括必要时通知反应堆经理、反应堆安全委员会、监管机构和其他主管当局，并评定对公众或环境的任何影响。

6.63. 如果排放超过授权限值，营运组织应当调查原因并采取适当措施，包括：

(a) 暂停排放操作并采取纠正措施；
(b) 估计放射性物质的排放量；
(c) 记录排放的相关细节；
(d) 按照记录的程序通知监管机构；
(e) 调查并确定不符合的原因；
(f) 纠正不符合的原因，防止其再次发生。

根据排放的大小，必要时应当实施研究堆的应急响应安排（见第 10 部分）。

7. 研究堆辐射监控计划

7.1. 作为研究堆辐射防护计划的一部分，营运组织必须提供工作场所监控和环境监控（见 SSR-3[1]第 7.110 (b) 段）。为满足这一要求，应当建立、维持和不断评审适当的监控计划，以系统评价研究堆的放射性条件，其目标如下：

(a) 监控个人风险；
(b) 控制任何环境影响；
(c) 评定放射性参数的趋势；
(d) 检测系统中的退化，如腐蚀和泄漏。

7.2. 监控系统应当具有足够的灵敏度、动态范围和准确性，以确保检测到正常条件的变化，并可靠地表明是否可能超过任何行政控制水平（见第 5.12—5.14 段）、剂量约束、剂量限值或授权的排放限值。第 8 部分提供了关于监控仪器仪表的建议。

7.3. 应当保存研究堆监控计划调查结果的记录，并向现场工作人员提供相关数据。

研究堆监控调查类型

7.4. 适合研究堆的监控调查类型取决于可能存在的放射性条件和调查的目标。在计划和进行监控调查时要考虑的因素包括：

(a) 工作场所放射性危害的性质和程度，以及所从事工作的类型和持续时间；
(b) 监管机构和其他相关主管当局的要求；
(c) 工作场所存在的辐射源；
(d) 存在的放射性核素及其实物形态（即固态、液态、气态、空气传播或颗粒）；
(e) 放射性核素的化学形状（元素或化合物）；
(f) 任何污染的性质（如松散或固定，通过涂片或直接计数检测）；
(g) 本底放射性水平和污染水平；
(h) 监控工作人员和工作场所的安排。

7.5. 为了辐射防护的目的，可以进行三种类型的调查：例行调查、任务相关调查和特别调查。

例行调查

7.6. 应当进行例行调查，以评定工作场所表面污染和空气传播污染的剂量率和水平。调查应当表明，工作环境令人满意，可以继续运行，没有发生需要重新评定区域指定（见第 5.43－5.51 段）或运行程序的变化。可能影响每次例行调查的类型和频率的因素包括：

(a) 工作场所通常存在的典型剂量率和污染水平；
(b) 入住程度；
(c) 工作期间遇到的放射性核素的数量和类型；
(d) 工作或实验的类型；
(e) 该地区放射性条件的变化。

任务相关调查

7.7. 应当进行任务相关调查，以提供相关特定任务或操作的信息（如设备维护、样品处理、乏燃料运输），并在必要时为立即决定执行任务提供依据。

特别调查

7.8. 通常应当进行如下特别调查：

(a) 处于新研究堆的调试阶段；
(b) 在对现有设施或现行程序进行修改后；
(c) 在新实验或新屏蔽配置的情况下；
(d) 在定期但不频繁的监视活动中；
(e) 当运行在异常工况下进行时，例如在事件或事故之后。

7.9. 还可以进行特别调查，以解决以下特定问题：

(a) 工作场所的溢出或异常污染；
(b) 人员污染；
(c) 怀疑存在高水平空气污染或松散表面污染的情况；
(d) 当常规监控发现异常或异常工况时，如出现小范围的活度升高（“热点”）。

7.10. 对于每种类型的调查，应当确定行政控制水平（见第 5.12－5.14 段），并在超过该水平时采取必要的行动。应当检查调查结果，以确定其是否与正在进行的工作类型相符，并酌情与个人监控记录相符（见第 7.20－7.37 段）。

研究堆工作场所监控

区域监控

7.11. 研究堆使用各种类型的仪器仪表，包括固定式和便携式仪器。第 7.12－7.19 段描述了各种类型的仪器仪表，以及它们适用的测量类型。

剂量率监控

7.12. 要求在研究堆中安装带有局部警报的固定辐射监控器（γ 辐射和中子辐射），以指示剂量率的变化（见 SSR-3[1]第 6.193 (a) 和 (b) 段）。大多数系统包括每个位置的剂量率和故障检测能力的指示。在放置固定辐射监控器时应当考虑冗余。剂量率指示和警报需要中继到主控制室（见 SSR-3[1]第 6.193 (b) 段）。

7.13. 固定 γ 辐射监控器应当安装在辐射条件可能频繁或意外变化的区域。这种监控器通常安装在反应堆顶部、束流口附近、热柱处、燃料区、放射性流出物区和废物贮存区、离子交换系统和其他过滤系统附近、进行实验处理的位置以及主控制室中。

7.14. 便携式辐射监控器包括 γ 剂量率计和中子剂量率计。只要规定并记录测量的地点和时间，使用这种便携式仪器仪表是有帮助的。

污染监控

7.15. 表面污染：根据 SSR-3[1]第 6.193 (f) － (h) 段，可使用各种仪器仪表和方法监控表面污染。包括以下内容：

(a) 用便携式仪器仪表直接测量表面污染（α 和/或 β—γ 污染）；
(b) 使用涂片试验进行间接测量。可以使用屏蔽计数器在低本底辐射区域中测量涂片样品；
(c) 对 β—γ 表面污染进行搜身探头，通常用于控制点，如潜在污染区域的出口，以监控人员和设备；

(d) 位于出口的人员污染监控器（“大门监控器”），包括：

 (i) 便携式（直通型）监控器；

 (ii) 手和脚监控器。

(e) 特殊用途的专用显示器。例如洗衣监控器、固态废物监控器和地板监控器。

7.16. 空气传播污染：需要在研究堆的某些区域监控空气传播污染（见SSR-3[1]第6.193 (c) 段）。这种监控应当通过连续在线测量或取样和离线分析的方式进行。每当有可能大量排放空气中的污染物时，应当在工作场所和/或通风系统中安装监控器。区域 γ 监控器可用于感兴趣的位置，以警告空气传播污染的增加。在这种情况下，应当注意区分空气传播污染的剂量率和其他可能来源的剂量率。

7.17. 监控液体中的污染：根据SSR-3[1]第6.193 (d) 段，这种监控可以通过连续在线测量或取样和离线分析来进行。如果已知并能考虑到其他来源的影响，可以使用位于输送可能被污染液体的管道附近的 γ 监控器。

7.18. 与放射性物质运输相关的监控：在研究堆接收或从研究堆发送的任何装有放射性物质的运输货包都应当检查外表面污染和剂量率，这需要符合SSR-6（Rev.1）[34]规定的相关限值。应当记录测量结果，并将副本列入运输单据，并根据监管要求存档。

7.19. 固态废物的监控：应当监控贮存的固态废物的剂量率和废物货包外表面的表面污染。如果检测到污染，应当识别放射性核素。要求为所有工作场所监控建立和维护一个记录保存系统（见SSR-3[1]第7.119段），包括固态废物的问责制和可追溯性。

研究堆个人监控

7.20. GSR Part 3[2]第3.99－3.102段指出了职业照射评定要求（通过个人监控或工作场所监控，视情况而定）。GSG-7[27]第3.107－3.111段和第3.116－3.140段提供了支持性建议。

7.21. GSR Part 3[2]第 3.100 段指出（脚注略）：

> “对于通常在控制区工作或偶尔在控制区工作并可能因职业照射而接受显著剂量的任何工作人员，必须在适当、充分和可行的情况下进行个人监控。如果对工作人员的个人监控不适当、不充分或不可行，必须根据工作场所监控结果和关于工作人员照射地点和持续时间的信息评定职业照射”。

7.22. GSR Part 3[2]第 3.101 段指出：

> “对于经常在受监督区工作或只是偶尔进入受控区域的任何工作人员，必须酌情根据工作场所监控或个人监控的结果评定职业照射。”

7.23. 研究堆的营运组织应当与剂量测量部门作出安排，评定研究堆相关人员接受的个人剂量（酌情来自外部照射和内部照射）。这种监控可包括评定有效剂量（即全身剂量）和等效剂量（如手剂量）。

7.24. 要求营运组织保存个人监控记录（见 GSR Part 3 [2]第 3.103 段）。这些记录应用于证明符合监管要求。还可以对这些记录进行分析，以确定照射趋势和未来需求。

7.25. 在研究堆进行个人监控的必要性质、频率和精确度的确定应当适当考虑到个人照射的幅度和可能的波动，以及潜在照射的可能性和可能的幅度。

外部照射的个人监控

7.26. 个人外部照射的评定很容易通过个人监控来进行。对于常规监控，应当佩戴非能动个人剂量计。这些剂量计应当由授权或批准的剂量测定服务机构进行处理，并在适当的时间间隔内确定和记录结果。与任务相关的和特殊的个人监控通常使用能动个人剂量计进行，通常具有附加的警告功能。

暴露于 β—γ 辐射的个人剂量测定

7.27. 各种剂量计可用于个人监控全身均匀 β—γ 辐射的照射情况；GSG-7[27]附录 II 对各种类型进行了描述。当人员在辐射束附近工作时，应当特别小心，因为照射可能非常不均匀。

7.28. 大多数非能动 β—γ 剂量计适用于 1—3 个月的常规问题。出于短期剂量控制的目的，这些剂量计应当辅以直读能动个人剂量计。如果有人在辐射剂量在空间或时间上变化很大的地区工作，例如在换料或维护活动期间，应当为他们提供一个装有警报的能动个人剂量计，如果达到预设剂量或剂量率，警报就会响起。

暴露于中子辐射的个人剂量测定

7.29. 中子辐射的剂量测定在技术上是最困难的剂量测定类型之一。GSG-7[27]附录 II 介绍了可用于评定中子辐射照射的各种剂量计。下列探测器通常用于中子剂量测定：

(a) 核径迹探测器；
(b) 固态核径迹探测器；
(c) 活化探测器；
(d) 热释光反照率剂量计；
(e) 气泡探测器；
(f) 电子中子剂量计。

7.30. 可设置不同类型的剂量计，以区分中子和其他类型辐射的剂量，详见 GSG-7[27]。在没有第 7.29 段所述类型的中子探测器的情况下，薄膜剂量计和热释光剂量计可以在中子剂量和其他类型辐射剂量之间加以区分。在其他情况下，应当使用“雷姆计”来评定中子剂量。

肢体剂量学

7.31. 手指和手腕剂量计可用于监控四肢的照射。营运组织应当确保人员接受过适当佩戴剂量计的培训，将探测器放置在最靠近辐射源的末端。

内部照射的个人监控

7.32. 要求对在可能发生内部照射的条件下工作的人员进行适当监控（见 GSR Part 3[2]第 3.102 段）。这种监控应当根据工作条件和监控目的，定期或不定期进行。

7.33. 对摄入放射性核素的内部照射（就承诺有效剂量而言）的评定很少是直截了当的。应当根据放射性核素的估计摄入量和适当剂量系数的使用来评定内部照射造成的剂量（见 GSR Part 3[2]表 III.2A－III.2C）。

7.34. 第 7.35－7.37 段总结了个人内部照射监控常用的方法。GSG-7[27]附录 V 还描述了可用于监控内部照射的各种方法。如果现有的个人监控方法都不合适，则应当在工作场所监控的基础上评定内部照射。

7.35. 生物测定技术：生物测定包括采集生物样本（如尿液、粪便、鼻拭子、呼吸）并测量其活度。根据样品的活度，可以估计摄入量和由此产生的内剂量。

7.36. 全身监控：全身监控通常是放射穿透性辐射的放射性核素剂量评定的首选方法。全身计数器用于测量沉积在身体不同部位放射性物质的活度。根据测量的活度，可以估计摄入量和由此产生的内剂量。应当定期对研究堆的相关运行人员进行全身计数。

7.37. 部分身体监控：如果放射性核素集中在特定器官（如甲状腺中的碘），可使用部分身体监控。在这种情况下，可以使用相对简单的测量设备（例如便携式检测器）。

研究堆排放监控

7.38. 要求营运组织确保监控液态和/或气态放射性流出物向环境的排放，并要求研究堆的设计包括为此目的的固定设备（见 SSR-3[1]第 6.193 (e) 段和第 7.117 段）。

源监控

7.39. 源监控是指测量研究堆的排放和周围的剂量率。营运组织应当确保污染源监控计划能够核实是否符合监管机构规定的授权排放限值。对放射性排放的监控可酌情涉及对特定放射性核素或总放射性进行测量。要求在排放前或排放点进行污水测量（见 SSR-3[1]第 6.193 (e) 段），例如用于向大气排放的烟囱或用于液体流出的管道。对于分批排放，放射性含量应当通过分批的体积和排放前从均质分批中提取的样品的放射性核素成分来表征。

7.40. 对于气态和液态流出物，应当考虑以下三种类型的测量：

(a) 排放的在线监控；
(b) 对样品活度进行连续取样和实验室测量；
(c) 样品活度的定期取样和实验室测量。

7.41. 在为研究堆的流出物监控选择取样方法和测量程序时，应当考虑以下因素：

(a) 放射性核素排放的特性和数量以及测量系统的灵敏度；
(b) 放射性核素排放率随时间的预期变化（如果有的话）；
(c) 向大气层意外排放气态放射性物质的可能性，这种排放需要迅速发现和通知。

气体排放监控

7.42. 排放到大气中的放射性物质通常在研究堆通风系统的不同点进行测量。在烟囱中进行的测量（烟囱监控）提供了实际排放的数据。最好连续监控气态流出物。现场或随机取样可用于调查可疑问题，而不是用于常规监控。烟囱监控器最好有一个连接到通风控制电路的探测警报器，以减少通风或再循环通风空气。对于研究堆，监管机构通常要求进行烟囱监控。要求定期向监管机构报告烟囱监控的结果（见 SSR-3[1]第 7.117 段）。结果应当在主控制室提供，以便在排放量高于相关行政控制水平时迅速采取行动。

7.43. 惰性气体监控：惰性气体监控有许多系统。在最常用的系统中，空气被过滤（以去除蒸汽和颗粒），然后通过内部带有敏感 γ 辐射和/或 β 辐射检测器的大体积屏蔽室。过滤后的气体也可以直接通过电离室或比例计数器。这些系统应用已知浓度的适当放射性核素进行校准。

7.44. 微粒监控：通过适当的过滤器吸入空气并测量过滤器上的活度来评定气态流出物中的微粒活度。这些系统可以使用固定或移动滤纸。应当确定沉积在过滤器上的放射性核素，以便能够评定活动的来源和减少排放的潜力。

7.45. 监控特殊放射性核素：根据反应堆类型、反应堆功率或安装的实验，还应当考虑氚和碘等其他放射性核素排放的可能性，特定如下：

(a) 氚：为了检测气态流出物中的氚化水蒸气，可以使用捕集器从流动的空气中收集水分。定期对截留水分的样本进行氚分析。其他方法，如有重合计数和反重合计数也是可用的；
(b) 碘：木炭（或沸石）填充的滤筒可用作测量卤素同位素（如放射性碘）的收集介质。应当小心使用取样设备，以防止板外效应。取样后，应当通过 γ 光谱法对样品盒进行分析。只有在异常工况下才需要进行碘测量，例如当可能存在泄漏的燃料元件时，或者当正在进行碘可能排放的实验或照射时。

液体排放监控

7.46. 可能具有放射性的液态流出物中的放射性核素的浓度和总活度在排放到环境中之前应当始终进行检查。通常，通过对储罐内容物进行现场取样（均质化后）来检查，而不是通过连续监控来检查。分析可能包括总 β－γ 测量，可能还包括氚、低能 β 发射体和 α 发射体的活度测量，以及通过 γ 能谱法识别放射性核素。

7.47. 还应当监控可能影响运输过程的液态流出物的化学特征（例如，pH 值可能影响土壤保持特性）。

研究堆环境监控

7.48. 根据 GSR Part 3[2]第 3.137 段，研究堆的营运组织必须建立环境监控计划。该计划应当按照监管机构的要求进行。GSG-9[16]和原子能机构《安全标准丛书》第 RS-G-1.8 号《辐射防护的环境和源监控》[35]提供了关于环境监控计划的建议。

7.49. 环境监控的运行前计划应当在研究堆计划调试前两到三年进行。运行前计划应当规定测量研究堆附近的本底放射性水平及其随季节的变化。该计划应当包括对各种样品进行采集和放射性分析，例如从场外若干固定和确定的地点采集的植被、空气、牛奶、水、沉积物、鱼类和环境介质。

7.50. 环境监控运行计划应当作为运行前计划的延伸。在运行计划期间采集的样本应当与运行前计划中采集的样本相似，尽管采集间隔可能不同（例如，牛奶的采样频率可能更高，沉积物的采样频率可能更低）。应当根据经验评审运行计划，并在必要时加以修改。环境监控计划的目标应当包括：

(a) 确认污水排放的控制是否足够；
(b) 将环境监控结果与污水监控数据联系起来；
(c) 检查用于设定排放限值的环境模式的有效性；
(d) 评定环境中放射性核素浓度的趋势。

8. 研究堆辐射防护计划用仪器仪表

8.1. SSR-3[1]要求 57 规定：“**必须在研究堆设施中提供设备，以确保在运行状态和事故工况下有足够的辐射监控。**”研究堆的辐射防护计划（见本“安全导则”第 7 部分）确定了个人监控和区域监控所需仪器仪表的类型和数量。

研究堆用辐射监控仪器仪表

仪器仪表数量

8.2. 在确定辐射监控仪器仪表数量时需要考虑的因素包括：

(a) 研究堆的特征，如监督区和控制区的范围，以及同时进行的实验类型；
(b) 每种仪器仪表的使用频率；
(c) 来自监查的反馈和工具用户的经验；
(d) 因维护或校准而停止使用的仪器仪表数量；
(e) 需要将一些仪器仪表专用于紧急情况。

技术规范

8.3. 应当考虑辐射监控仪器仪表的下列技术特点：

(a) 适合所监控的辐射类型；
(b) 准确性；
(c) 适当的范围和灵敏度；
(d) 能量响应（剂量率计的组织当量）；
(e) 线性；
(f) 测量时间（时间常数）；
(g) 环境因素的影响，如压力、温度和湿度；
(h) 电源的充足性和蓄电池状况的指示；
(i) 方向响应的充分性和对辐射场大小的适用性（例如窄光束）；
(j) 对其他类型辐射的响应；
(k) 剂量率仪器仪表的故障安全特点；
(l) 可试验性（应当提供适当的来源和方法对仪器仪表进行功能检查）；
(m) 需要足够的可靠性和可维护性；

在适当的情况下，仪器仪表应当密封以防止污染物进入，并且表面应当易于去污。

人因

8.4. 人因可能是选择辐射监控仪器仪表的一个重要方面。在评定便携式仪器仪表时应当考虑以下因素：

(a) 用户的易用性和偏好；
(b) 显示器的可读性；
(c) 人体工程学因素，如重量、平衡、便于携带以及开关的设计和位置；
(d) 典型使用的健稳性；
(e) 数据丢失或失真的风险（即，如果要将结果传输到厂区范围的数据收集系统）。

在选择固定辐射监控仪器仪表时，也应当考虑其中的一些方面。

研究堆仪器仪表的维护和校准

8.5. 研究堆的营运组织应当按照既定程序，分派维护和校准辐射监控仪器仪表的责任。为了维护（和便于使用），应当尽量减少不同类型辐射监控仪器仪表的数量。还应当考虑以下因素：

(a) 应当确保备件和维护服务的可用性。
(b) 仪器仪表校准设施应当可用。所有使用的校准源都应当通过国家标准认证。应当规定并记录每种仪器仪表的校准周期。
(c) 仪器仪表校准应当简单明了，尤其是对于固定监控系统。
(d) 一些仪器仪表（如惰性气体监控器）需要特殊设施来实现精确校准。应当根据国家法规和标准定期对此类仪器仪表进行校准。

8.6. 应当制定辐射监控仪器仪表的预防性维护计划。这应当包括考虑仪器仪表大修后是否需要重新校准。

8.7. GSG-7[27]提供了关于辐射监控仪器仪表维护和校准的进一步建议，包括校准和试验服务提供商的建议。

9. 研究堆辐射防护和放射性废物管理的组织方面

9.1. 研究堆的组织机构应当确保适当实现辐射防护目标。

管理系统在研究堆辐射防护和放射性废物管理中的应用

9.2. 需要为研究堆物项开发一个整合安全、健康、环境、安保、质量、人力和组织因素、社会和经济因素的管理系统（见 SSR-3[1]要求 4）。GSR Part 2 [23]规定了管理系统的一般要求。GS-G-3.5[24]和 GSG-16[25]提供了特定建议。

9.3. 根据辐射防护计划，管理系统必须包括与辐射防护相关的所有程序（见 SSR-3[1]第 4.10 段）。特定研究堆的管理系统应当反映所开展活动的数量、复杂性和安全意义。

9.4. 营运组织中负责管理系统的个人应当拥有识别问题和发起纠正措施的权力和组织自由。他们应当能直接接触到为实现本组织的目标、策略和目的所必需的各级管理层。

9.5. 管理系统应当建立评审和评定辐射防护计划有效性及其持续改进的程序。

研究堆辐射防护和放射性废物管理组织机构

9.6. 研究堆的组织机构取决于设施的规模和性质及其管理系统，通常包括反应堆运行和辐射防护小组以及反应堆用户。营运组织应当确保有直接的沟通渠道，以便向高级管理层报告辐射防护和放射性废物管理问题。

9.7. 需要明确定义组织的机构，并要求分配和记录组织机构中每个人的职责（见 SSR-3[1]要求 68）。工作描述应当明确规定与每个岗位相关的辐射防护职责。

研究堆辐射防护及放射性废物管理责任

监管机构

9.8. 根据国家的法律框架，监管机构必须承担与防护和安全相关的责任、职能和活动（见 GSR Part 3[2]要求 2 和 3）。这些责任、职能和活动包括制定规章和指导文件，执业授权，视察授权设施，法律法规的执行情况。辐射防护的监管要求包括职业照射和公众照射的剂量限值、防护和安全的最优化、人员的资格和培训要求以及监查的执行。

营运组织

9.9. 营运组织负责确保照射受到控制并保持在一定限值内，防护和安全得到最优化，并制定和实施适当的辐射防护和放射性废物管理计划。为了使这种辐射防护计划有效，反应堆管理层应当做出高度承诺（另见 GSR Part 2[23]要求 2）。这种承诺应当体现在营运组织的安全政策、资源的提供和强大安全文化的培养中（见本“安全导则”第 9.10－9.12 段）。

安全政策

9.10. 营运组织需要制定并实施清晰简明的防护和安全书面政策（参见 SSR-3[1]要求 3）。要求该政策将安全放在最优先地位，超越所有其他要求之上（见 SSR-3[1]第 4.4 段）。该政策还应当表明对应用防护和安全标准的承诺，重点是应用最优化原则和辐射防护职能的独立性。

提供资源

9.11. 为研究堆的辐射防护提供资源是管理层承诺的一个重要部分。这些资源包括维持有效辐射防护计划所需的充足设备和用品以及人员（见 SSR-3[1]第 4.15 段），其中包括：

(a) 适当和充足的人员配备；

(b) 培训和复训计划和设施；

(c) 个人监控计划；

(d) 提供个人防护设备和辐射监控仪器仪表；

(e) 研究堆和环境中的辐射监控计划；

(f) 应急准备和响应规定；

(g) 运行程序和运行限值和条件的规定；
(h) 适当文件和记录保存的规定。

安全文化

9.12. 研究堆的营运组织需要培养一种强大的安全文化，鼓励对安全和辐射防护的质疑和学习态度，并阻止自满情绪（见 SSR-3[1]第 4.1 (f) 段和第 7.9 (l) 段以及 GSR Part 2[23]要求 12）。强大的安全文化应当确保以下几点：

(a) 运行环境和所有现场人员的态度有助于良好的辐射防护实践；
(b) 影响防护和安全的问题得到及时识别，并以与其重要性相称的方式得到纠正；
(c) 为防护和安全决策指定了明确的权限；
(d) 建立了组织安排和沟通渠道，使安全和辐射防护方面的信息能够在营运组织的所有相关级别之间适当流动。

反应堆经理

9.13. 根据 SSR-3[1]要求 69，反应堆经理 [3] 负责根据监管要求安全管理研究堆。反应堆经理应当根据营运组织的政策行事，并被要求确保有足够的、经过适当培训的工作人员来履行所有运行职能（见 SSR-3[1]第 7.14 段）。反应堆经理应当确保满足研究堆的辐射防护要求。

反应堆安全委员会

9.14. 反应堆安全委员会是研究堆营运组织的重要组成部分。SSR-3[1]第 7.26 段指出：

> "反应堆安全委员会（或咨询小组）必须就反应堆日常运行和使用的安全方面向反应堆经理提供建议。特别是，安全委员会必须评审提议的实验和改造的充分性和安全性，并必须向反应堆经理提供行动建议。"

9.15. 关于辐射防护，反应堆安全委员会应当就下列事项进行评审并提出建议（另见 SSR-3[1]第 4.27 段）：

---

[3] 反应堆经理是反应堆管理人员的成员，其直接负责和授权反应堆安全运行，由营运组织分配，其主要职责是履行这一职责。

(a) 辐射防护计划；
(b) 与反应堆的运行、维护、试验和利用（包括实验）相关的辐射防护方面；
(c) 辐射防护程序；
(d) 关于事故和事件的报告，以及为防止其再次发生而采取的任何后续行动。

辐射防护人员

辐射防护官员

9.16. 辐射防护官员是在与研究堆相关的辐射防护事务方面具有技术能力的个人，由营运组织指定监督辐射防护计划的实施。辐射防护官员的职能可包括：

(a) 向反应堆管理人员提供咨询意见和协助，说明和履行辐射防护计划的职责；
(b) 根据既定政策，评审与辐射防护相关的所有程序、工作实践、手册、设备、培训计划、反应堆实验和设施设计拟议改造，以供批准；
(c) 向现场人员提供辐射防护方面的建议和帮助；
(d) 评定与辐射防护相关的研究堆运行的所有方面的有效性和效率；
(e) 根据研究堆的管理政策和需要提供辐射防护服务；
(f) 指导和监督最优化原则的应用；
(g) 实施内部评审和核实计划（如监查），以确保与辐射防护相关的批准程序得到适当记录并得到相应当执行；
(h) 当观察到偏离批准的程序时采取纠正措施。

9.17. 辐射防护官员应当负责评定向研究堆提供的任何外部辐射防护服务的质量。

其他辐射防护人员

9.18. 辐射防护技术人员执行大部分常规辐射防护任务，如辐射监控，高级技术人员也可以解释这种监控的结果，并根据结果提出建议。

9.19. 一些营运组织可能会将特定的辐射防护职能分配给其他工作人员，如反应堆操纵员、维护人员或研究人员。在这种情况下，这些职能应当由辐射防护官员明确规定、记录和监查。

研究堆辐射防护和放射性废物管理人员的资格、培训和复训

辐射防护和放射性废物管理人员的资格

9.20. SSG-84[8]提供了关于人员招聘、培训和资格认证的建议，包括研究堆操纵员培训课程示例。监管机构应当就与辐射防护和放射性废物管理相关的运行人员资格要求提供指导，并在适当情况下评审和批准营运组织提出的任何建议。

9.21. 对于营运组织中的每个岗位，都应当准备一份工作描述，包括该岗位的最低资格和经验。资格的最低要求也可能取决于国家的监管要求或国家实践。这些资格要求可能包括成功完成专门培训课程和/或在运行辐射防护和/或放射性废物管理方面的经验。

辐射防护和放射性废物管理人员培训

9.22. 营运组织负责所有人员的招聘、培训和定期复训，并规定履行各种职责所需的能力水平（见 SSR-3[1]要求 70）。应当提供培训，以确保现场人员达到并保持必要的能力水平，以履行分配给其职责水平的职责和职能。

9.23. 研究堆的营运组织应当作出安排，使设施人员根据其职责适本地接受辐射防护和放射性废物管理措施方面的充分培训（并确认其熟练程度）。

9.24. 对工作人员的培训应当涵盖与其分配的任务和潜在危害相关的所有专题。在高水平放射性的区域（即控制区）工作的工作人员应当接受特定工作活动方面的培训，以使他们能够根据最优化原则，在最短的时间内成功履行职责。此类培训可能包括模型培训，对计划工作进行重新听证，以及练习在事故发生后需要迅速采取的行动。

9.25. 需要定期进行应急程序培训，以确保所有预期在紧急情况下做出响应的人都知道他们应当采取哪些行动（见原子能机构《安全标准丛书》第 GSR Part 7 号《核或辐射应急准备与响应》[19]第 6.28 段）。要求所有相关人员参加模拟研究堆核或辐射紧急情况的定期演习（见 GSR Part 7 号[19]第 6.30 段和第 6.31 段以及 SSR-3[1]第 7.92 段）。这包括酌情参与应对研究堆紧急情况的场外人员，如消防队员、医务人员和警察。

9.26. 由于大多数研究堆的特殊性，除了任何外部组织的培训课程之外，还应当制定适合设施需求的内部培训计划。在制定培训计划时，应对每个

相关岗位进行任务分析。成功完成外部培训课程可能是特定岗位的监管要求（见 SSR-3[1]第 7.5 段）。

9.27. 培训计划应当包括实验室和/或车间培训、与辐射防护和/或放射性废物管理相关的在岗培训以及课堂讲座。必要时，培训计划应当包括对受训人员的评定，以确保他们符合最低资格标准。应当记录所有员工岗位的培训要求，并记录每个员工的培训水平，以便相关机构进行监查。

对运行人员进行辐射防护和放射性废物管理培训

9.28. 各级运行人员应当接受辐射防护和放射性废物管理方面的充分教育和培训，以便他们能够对其能力范围内的问题做出适当的判断和决定，特别是在异常工况或紧急情况下。

为研究堆用户提供辐射防护和放射性废物管理培训

9.29. 研究堆用户的培训计划应当涵盖预期他们将使用的实际设施和实验设备的辐射防护和放射性废物管理的细节。这可以通过在岗培训来实现。

对临时工进行辐射防护和放射性废物管理方面的培训

9.30. 营运组织应当确保临时受雇于现场的任何外部组织人员，如流动工作人员（见 GSG-7[27]第 6.21－6.100 段），特别是承包商人员，接受过适当的培训，使他们能够按照辐射防护计划开展工作。

9.31. 应当作出特别安排，使外部组织的临时人员能够熟悉与其在研究堆的任务相关的辐射防护措施。特别是，任何被归类为职业照射于电离辐射的流动工作人员在开始工作之前，都应当接受关于研究堆辐射防护安排的适当培训。所需的培训量将取决于工作的持续时间和性质。在特定情况下，来自研究堆的合格人员可以提供持续的监督，而不是向临时人员提供培训。

参观人员须知

9.32. 在参观人员进入控制区之前，应当向他们提供关于辐射防护规定的信息和指示。参观研究堆设施的人员通常由合格人员陪同，如果提供这种陪同，对参观人员进行辐射防护方面的专门培训只需很少。

对人员进行辐射防护和放射性废物管理方面的复训

9.33. 定期复训（见 SSR-3[1]第 7.30 段），以确保设施运行人员保持其岗位所需的能力水平。一般只对某些职能或岗位需要复训。

9.34. 营运组织负责规定进修课程的类型和频率。应当根据需要经常进行复训，但特别是在研究堆的任务发生变化或设备或程序发生重大变化或改造之后。目的是确保保持必要的能力水平，并了解辐射防护和放射性废物管理的任何变化的影响。

9.35. 应当记录每个人接受的所有辐射防护和放射性废物管理培训。

9.36. 培训计划应当定期更新。在更新辐射防护和放射性废物管理培训计划时，营运组织应当考虑到监管机构内部监查和视察的建议和反馈，以及对研究堆和其他相关设施事件的运行反馈。

研究堆辐射防护和放射性废物管理文件

9.37. 营运组织需要建立一个保存记录和报告的系统（见 SSR-3[1]要求 82）。这包括生成、收集、保留和归档记录，以保持辐射防护计划和废物管理计划重要方面的当前和历史信息（见 SSR-3[1]第 7.95 段和第 7.97 段）。应当保留这些信息，用于实现这些计划的目标，以及营运组织为监管机构编写报告。

个人监控记录

9.38. 根据 GSR Part 3[2]第 3.103－3.107 段，营运组织必须保存个人监控记录。此类记录应当可用于评审和评定目的。GSR Part 3[2]第 3.104 段指出：

> “每个工作人员的职业照射记录必须在工作人员工作期间和之后保存，至少保存到前工作人员年满或将年满 75 岁，并在工作人员受到职业照射的工作停止后保存不少于 30 年。”

9.39. 辐射防护官员应当仔细和定期评定所有个人监控记录，以确定以下几点：

(a) 与在研究堆同一区域工作的特定个人或个人群体相关的任何趋势；

(b) 个人监控结果与工作场所监控结果的一致性；

(c) 异常或不寻常的剂量；

(d) 任何修订程序在减少剂量方面的有效性。

健康监视记录

9.40. 职业照射工作人员的健康监视计划必须遵循职业健康的一般原则（见 GSR Part 3[2]第 3.108 段）。这种计划应当包括初始检验和此后的定期监控。在初始检验中，应当评定工作人员的健康状况及其是否适合预期任务；此外，任何患有可能需要在工作中采取特别预防措施疾病的工作人员都应当被识别出来。

9.41. 健康监视记录应当保密，并应当以监管机构同意的方式保存。记录保存的最短期限应当为相关工作人员的一生。但是，如果出于法律目的需要，应当考虑更长的保留期。

工作场所监控记录

9.42. 研究堆工作场所监控的结果（包括常规、任务相关和特别调查（见第 7.4－7.10 段））应当按照 SSR-3[1]要求 82 保存。这包括与辐射监控仪器仪表的校准、试验和维护相关的记录（见第 8 部分）。应当实施记录保存系统，以便可以检索每个仪器仪表的试验和维护历史。

10. 研究堆紧急情况下辐射防护

介绍

10.1. 根据 GSR Part 7[19]和 SSR-3[1]要求 81，需要制定应急计划 [4] 和应急程序，以涵盖研究堆紧急情况的所有可预见方面。该计划应当特定说明必要的基础设施，以提供对研究堆的核或辐射紧急情况作出响应的能力。需要对应急计划和程序进行必要的试验、评审和更新，同时考虑到应急演习的经验（见 SSR-3[1]第 7.92 段）。

10.2. 由于核材料和放射性物质的库存很少，预计大多数研究堆应急计划的放射性方面主要涉及现场响应。然而，应急计划中应当包括向外部当局

[4] 应急计划是对紧急情况响应的目标、政策和行动概念的描述，也是对系统、协调和有效响应的结构、权力和责任的描述。应急计划是制定其他计划、程序和清单的基础。

通报紧急情况和进行有限的场外辐射监控。如 GSR Part 7 [19]所述，有可能造成重大场外影响的研究堆可能需要更广泛的应急安排。

10.3. 在发生核或辐射紧急情况时，现场响应可包括广泛的活动，如危害的初始评定，救援行动、阻止事故传播的行动、减少放射性物质向环境的排放、现场掩蔽和疏散、工作场所监控和污水监控、个人剂量测定和剂量控制、出入控制、向公众传播信息，以及向监管机构提交通知和报告。

放射学评定

10.4. SSR-3[1]第 7.90 段指出：

> “应急计划和程序必须基于安全分析报告中分析的事故以及根据危害评定为应急准备和响应的目的而额外假想事故。”

当核或辐射紧急情况发生和发展时，应当进行特定的放射性评定。评定应当以现有信息为基础并应当及时更新，以考虑到能产生更准确结果的任何信息。还应当进行紧急情况后评定，以确认任何放射性危害的性质和程度。

辐射和污染调查

10.5. 应急计划应当包括可以迅速部署收集数据的辐射监控小组。这些小组应当接受与其在研究堆紧急情况下的作用相称的培训，并应当配备必要的防护设备、监控仪器仪表和取样设备（另见 SSR-3[1]第 7.93 段）。

10.6. 固定辐射监控器，包括控制室或其他地方的应急监控器和其他带有远程读数的仪器仪表，可用于对放射性危害进行初始评定，并帮助确定是否需要采取任何应急防护措施来保护工作人员和公众。

个人监控

10.7. 在紧急情况下，如有必要，应当尽快评定个人剂量计读数和内部剂量，以评定对人员的剂量，并帮助估计剂量率和研究堆不同区域的污染水平。应当测量、记录、评定参与应对紧急情况的人员受到的剂量，并将其输入个人剂量记录。

研究堆核或辐射紧急情况现场防护行动

10.8. 应当作出安排，确保发生核或辐射紧急情况时现场所有人员的安全。为了最大限度地降低这些人员的风险，必要时应当在应急计划中纳入适当的防护措施，如通知、现场人员清点、庇护、疏散、重新安置和使用碘甲状腺阻断剂。

研究堆核或辐射紧急情况纠正措施

10.9. 应当采取纠正措施，控制核或辐射紧急情况，恢复研究堆的安全工况。通常情况下，这些行动具有操作性质，但可能会产生辐射影响。

参 考 文 献

[1] 国际原子能机构《研究堆的安全》，国际原子能机构《安全标准丛书》第 SSR-3 号，国际原子能机构，维也纳（2016 年）。

[2] 欧洲委员会、联合国粮食及农业组织、国际原子能机构、国际劳工组织、经济合作与发展组织核能机构、泛美卫生组织、联合国环境规划署、世界卫生组织，《国际辐射防护和辐射源安全基本安全标准》，国际原子能机构《安全标准丛书》第 GSR Part 3 号，国际原子能机构，维也纳（2014 年）。

[3] 国际原子能机构《放射性废物处置前管理》，国际原子能机构《安全标准丛书》第 GSR Part 5 号，国际原子能机构，维也纳（2009 年）。

[4] 国际原子能机构《研究堆的调试》，国际原子能机构《安全标准丛书》第 SSG-80 号，国际原子能机构，维也纳（2023 年）。

[5] 国际原子能机构《研究堆的维护、定期试验和视察》，国际原子能机构《安全标准丛书》第 SSG-81 号，国际原子能机构，维也纳（2023 年）。

[6] 国际原子能机构《研究堆堆芯管理和燃料装卸》，国际原子能机构《安全标准丛书》第 SSG-82 号，国际原子能机构，维也纳（2023 年）。

[7] 国际原子能机构《研究堆运行限值和条件及运行程序》，国际原子能机构《安全标准丛书》第 SSG-83 号，国际原子能机构，维也纳（2023 年）。

[8] 国际原子能机构《研究堆的营运组织和人员招聘、培训与授权》，国际原子能机构《安全标准丛书》第 SSG-84 号，国际原子能机构，维也纳（2023 年）。

[9] 国际原子能机构《研究堆的老化管理》，国际原子能机构《安全标准丛书》第 SSG-10（Rev.1）号，国际原子能机构，维也纳（2023 年）。

[10] 国际原子能机构《研究堆安全重要仪器仪表和控制系统与软件》，国际原子能机构《安全标准丛书》第 SSG-37（Rev.1）号，国际原子能机构，维也纳（2023 年）。

[11] 国际原子能机构《研究堆安全评定和安全分析报告的编写》，国际原子能机构《安全标准丛书》第 SSG-20（Rev.1）号，国际原子能机构，维也纳（2022 年）。

[12] 国际原子能机构《研究堆的利用和改造安全》，国际原子能机构《安全标准丛书》第 SSG-24（Rev.1）号，国际原子能机构，维也纳（2022 年）。

[13] 国际原子能机构《核安全与安保术语：用于核安全、核安保、辐射防护、应急准备与响应》（2022 年暂定版），国际原子能机构，维也纳（2022 年）

[14] 国际原子能机构《核电厂的辐射防护设计》，国际原子能机构《安全标准丛书》第 NS-G-1.13 号，国际原子能机构，维也纳（2005 年）。

[15] 国际原子能机构《分级方法在适用研究堆安全要求中的使用》，国际原子能机构《安全标准丛书》第 SSG-22（Rev.1）号，国际原子能机构，维也纳（2023 年）。

[16] 国际原子能机构、联合国环境规划署，《放射性流出物排入环境的监管控制》，国际原子能机构《安全标准丛书》第 GSG-9 号，国际原子能机构，维也纳（2018 年）。

[17] 国际原子能机构《核电厂和研究堆放射性废物处置前管理》，国际原子能机构《安全标准丛书》第 SSG-40 号，国际原子能机构，维也纳（2016 年）。

[18] 国际原子能机构《乏燃料的贮存》，国际原子能机构《安全标准丛书》第 SSG-15（Rev.1）号，国际原子能机构，维也纳（2020 年）。

[19] 联合国粮食及农业组织、国际原子能机构、国际民用航空组织、国际劳工组织、国际海事组织、国际刑警组织、经济合作与发展组织核能机构、泛美卫生组织、全面禁止核试验条约组织筹备委员会、联合国环境规划署、联合国人道主义事务协调厅、世界卫生组织、世界气象组织，《核或辐射应急准备与响应》，国际原子能机构《安全标准丛书》第 GSR Part 7 号，国际原子能机构，维也纳（2015 年）。

[20] 国际原子能机构《放射性废物处置》，国际原子能机构《安全标准丛书》第 SSR-5 号，国际原子能机构，维也纳（2011 年）。

[21] 欧洲原子能联营、联合国粮食及农业组织、国际原子能机构、国际劳工组织、国际海事组织、经济合作与发展组织核能机构、泛美卫生组织、联合国环境规划署、世界卫生组织，《基本安全原则》，国际原子能机构《安全标准丛书》第 SF-1 号，国际原子能机构，维也纳（2006 年）。

[22] 国际原子能机构、联合国环境规划署，《公众和环境的辐射防护》，国际原子能机构《安全标准丛书》第 GSG-8 号，国际原子能机构，维也纳（2018 年）。

[23] 国际原子能机构《安全的领导和管理》，国际原子能机构《安全标准丛书》第 GSR Part 2 号，国际原子能机构，维也纳（2016 年）。

[24] 国际原子能机构《核装置管理系统》，国际原子能机构《安全标准丛书》第 GS-G-3.5 号，国际原子能机构，维也纳（2009 年）。

[25] 国际原子能机构《放射性废物管理中安全领导、管理和文化》，国际原子能机构《安全标准丛书》第 GSG-16 号，国际原子能机构，维也纳（2022 年）。

[26] 国际原子能机构《设施退役》，国际原子能机构《安全标准丛书》第 GSR Part 6 号，国际原子能机构，维也纳（2014 年）。

[27] 国际原子能机构、国际劳工组织，《职业辐射防护》，国际原子能机构《安全标准丛书》第 GSG-7 号，国际原子能机构，维也纳（2018 年）。

[28] 国际原子能机构《放射性废物处置前管理的安全论证文件和安全评定》，国际原子能机构《安全标准丛书》第 GSG-3 号，国际原子能机构，维也纳（2013 年）。

[29] 国际原子能机构、联合国环境规划署，《设施和活动的预期放射性环境影响评定》，国际原子能机构《安全标准丛书》第 GSG-10 号，国际原子能机构，维也纳（2018 年）。

[30] 国际原子能机构《放射性废物形式和货包的表征》，国际原子能机构《技术报告丛书》第 383 号，国际原子能机构，维也纳（1997 年）。

[31] 国际原子能机构《放射性废物的贮存》，国际原子能机构《安全标准丛书》第 WS-G-6.1 号，国际原子能机构，维也纳（2006 年）。

[32] 国际原子能机构《核信息的安保》，国际原子能机构《核安保丛书》第 23-G 号，国际原子能机构，维也纳（2015 年）。

[33] 国际原子能机构《放射性废物的分类》，国际原子能机构《安全标准丛书》第 GSG-1 号，国际原子能机构，维也纳（2009 年）。

[34] 国际原子能机构《放射性物质安全运输条例》（2018 年版），国际原子能机构《安全标准丛书》第 SSR-6（Rev.1）号，国际原子能机构，维也纳（2018 年）。

[35] 国际原子能机构《辐射防护的环境和源监控》，国际原子能机构《安全标准丛书》第 RS-G-1.8 号，国际原子能机构，维也纳（2005 年）。

附件 I

研究堆中的辐射源的示例

I–1. 本附件提供了研究堆中可能存在的不同辐射源的一般示例，它并不全面。预计营运组织将确定自己研究堆辐射源。

反应堆堆芯和燃料

裂变产物

I–2. 反应堆堆芯的主要辐射源是反应堆燃料中的裂变产物。通常，在连续运行一年后，一个 10 兆瓦的反应堆在关闭时将包含大约 10^{18} 贝可的裂变产物。很大一部分活度是短暂的，一天后，总活度将减少 2—3 倍，一个月后减少 5—10 倍，这取决于运行时间的长短。

I–3. 大约 35 种化学元素和 200 多种放射性核素可以在裂变过程中形成。表 I-1 列出了最重要的放射性核素，并详细介绍了它们的特征和其他与安全相关的特性。

超铀核素

I–4. 在研究堆中，特别是那些使用低浓缩燃料的反应堆，铀-238 捕获的中子持续产生镎-239（半衰期 2.3 天），这在停堆时占堆芯总 γ 活度的很大一部分（高达 30%）。镎-239 通过 β 衰变转化为钚-239。少量的其他锕系元素是由铀的其他同位素及其衰变产物的中子俘获产生的。

活化产物

I–5. 活化产物如钴-60 在包壳、燃料的结构成分（如充满冷却剂）和燃料中可能的杂质中产生。与堆芯裂变产物的存量相比，它们通常是次要的。

快速辐射

I–6. 在运行过程中，堆芯成为强辐射源，如下所示：

(a) 中子辐射：裂变过程中产生的中子最可能的能量为 0.73 兆电子伏（最大值为 10 兆电子伏）。在热反应堆中，中子在慢化剂中慢化到平均能量为 0.025 电子伏。中子也是由一些裂变产物（慢化中子）的衰变和某些堆芯材料中的γ-N 反应产生的，如氘（在重水中）和铍；

(b) γ 辐射：在裂变过程中产生光子，能量从大约 0.2 兆电子伏到几兆电子伏不等。瞬发γ射线每次裂变的总能量约为 7 兆电子伏，每个光子的平均能量约为 1 兆电子伏。

表 I-1. 研究堆中重要的裂变产物

裂变产物	相关特征
铷-88、89 铯-134、137、138	由微粒空气监控器测量的燃料元件最容易检测到的泄漏指标
氪-85m、85、88 氙-133m、133、135、138	可通过气态空气监控器和冷却剂检测到的燃料元件泄漏的早期迹象
碘-131、132、133、134、135	通常是裂变产物排放导致照射的最主要因素
碲-132、铷-103、106 铈-141、144、锶-89、90 钼-99、镧-140、钡-140	在涉及堆芯严重退化的事故中造成照射的其他重要因素

冷却剂和慢化剂

I–7. 正常情况下冷却剂和慢化剂中存在的活度是由以下几个来源引起的：

(a) 慢化剂或冷却剂材料的活化（例如，氧活化为氮-16 或氘活化为氚）。对于钠冷却反应堆，钠-24 必须被视为活化产物；

(b) 包含在冷却剂或慢化剂中的杂质（例如，水中作为杂质存在的钠-23 被中子俘获活化以产生钠-24）；

(c) 进入慢化剂－冷却剂系统的结构部件腐蚀产物的活化（例如，钠-24 也是由铝通过（n、α）反应活化产生的，铝中含有的铁和常见杂质产生放射性同位素，如铁-59、铬-51、钴-60 和锌-65）；

(d) 由于燃料外表面可能存在的铀污染，在冷却剂或慢化剂中积聚了非常少量的裂变产物。在燃料元件泄漏的情况下，也可能在冷却剂中发现裂变产物；

(e) 空气通常以溶解或气态形式存在于水冷却剂—慢化剂系统中，并被产生氮-16、氩-41 和其他同位素的中子激活。

I–8. 表 I-2 给出了轻水堆冷却剂中常见的放射性同位素的示例。

表 I-2. 10 兆瓦水池型研究堆一回路冷却剂中主要放射性核素的典型浓度

放射性核素	活度浓度（贝可/立方米）
氚	3.0×10^8
钠-24	9.0×10^8
铬-51	3.0×10^4
钴-58	7.4×10^4
钨-187	1.0×10^7
铪-181	1.0×10^4
锑-125	3.0×10^4
锌-65	3.7×10^4
氩-41	1.0×10^5

空气

I–9. 研究堆和气动输送机的水冷却剂中的溶解空气将含有放射性气体，例如氧活化产生的氮-16、二氧化碳中碳活化产生的碳-14、空气中存在的氩-40 活化产生的氩-41、重水堆中空气中蒸汽活化产生的氚，以及可能从堆芯盖气系统或通过实验设备泄漏排放的其他气体或蒸汽。空气中还可能含有具有放射性的灰尘颗粒，以及在维护操作过程中排放到空气中的活化腐蚀产物颗粒。空气中的微粒污染也可能来自辐照和各种实验。

束管和样品

I–10. 研究堆通常有用于各种实验、辐照或同位素生产的内置设施和装置，这些设施和装置存在放射性危害。这些设施和装置包括使中子辐射和 γ 辐射能够到达反应堆堆芯外部实验设备的束管，以及用于将样品引入堆芯或堆芯旁边的屏蔽管和特殊辐照管。通常，可以通过从反应堆顶部装载样品，将样品引入堆芯内或堆芯旁边的指定位置。

I–11. 样品材料及其容器和辐照装置的其他部件可能会变得具有高放射性，并存在辐射和污染危害。

I–12. 由于位于屏蔽外中子束中的样品被激活而导致的即时 γ 辐射可能会因剂量率和污染而造成重大危害。

反应堆部件

I–13. 在反应堆运行一段时间后，由于活化和污染，位于堆芯内和周围的反应堆部件变得具有放射性。这些部件包括结构材料；堆芯部件，如控制棒及其相关部件；导管；通量和温度计；虚拟燃料元件；实验组件的部件；反射器和屏蔽材料。

I–14. 一些其他部件，如放置在通风系统或气体去污系统中的过滤器，或用于水去污的过滤器和离子交换树脂，收集可能成为重要辐射源的放射性杂质。沿着管道的放射性积垢和污泥的沉积也会污染反应堆部件，甚至在堆芯区域之外也可能构成辐射和污染危害。

放射性废物

I–15. 实验装卸、维护操作、受污染物项的去污、乏燃料贮存水池中水的更换以及堆芯和相关系统的溢出或泄漏都会导致放射性废物的产生。这些废物随着时间的推移而积聚，需要妥善收集和处理。第 6 部分提供了关于放射性废物管理的建议。

乏燃料

I–16. 乏燃料是非常重要的辐射源，在装卸、贮存、运输和后续处置。放射性危害是由于直接辐射和包壳故障时的排放造成的。

特种放射源

I–17. 在研究堆中可以使用各种类型的辐射源。其中包括：

(a) 用于反应堆启动的中子源，可贮存在堆芯内或堆芯外的反应堆水池中，或贮存在屏蔽容器中；
(b) 用于校准和检查监控仪器仪表的中子和 γ 源；
(c) 放射性同位素生产和中子活化分析用辐照靶。

I–18. 研究堆广泛用于生产放射性同位素。作为生产过程的一部分，各种目标材料在反应堆中被辐照。在许多情况下，对浓缩易裂变材料（铀-235）进行辐照以产生放射性同位素（例如钼-99）。被辐照的目标可以暂时贮存在反应堆厂房中的热室综合体中，随后转移到专用的放射性同位素处理设施中。大量放射性废物来自在专用设施中对辐照目标进行的化学处理。在本"安全导则"，没有特定说明为生产放射性同位素而对辐照靶进行化学处理所产生的放射性废物的管理。一些固态废物可能是由失败辐照、破坏辐照储罐以及检查和转移辐照样品的过程产生的。被辐照的样品成为研究堆中的辐射源。一般来说，辐照样品的处理是在研究堆外专门设计的实验室中进行的。

I–19. 为了研究和开发，各种样品在研究堆中被辐照。这种样品的几何构型通常不是标准的。这些样品在转移到指定区域进行进一步分析和检测之前，可以暂时贮存在反应堆的辅助设施中。这种辐照过的样品也是研究堆中的辐射源。

附件 II

研究堆中个人防护设备

II–1. 个人防护设备包括发给个人的衣服和其他特殊设备以防止辐射照射。它用于在通过实物控制措施和/或行政措施提供完全保护不合理可行的情况下提供保护。充分的个人防护取决于正确选择、安装和维护个人防护设备。为了确保个人防护设备有效地提供预期程度的保护，对使用者进行适当的培训和监控使用情况的安排也是必要的。

个人防护设备的使用

II–2. 作为限制照射的行政措施，在实物控制措施或其他措施都不合理可行的情况下，营运组织需要提供个人防护设备。使用个人防护设备可能是控制参与应急操作的工作人员照射的有效手段。必须让所有参与管理和使用个人防护设备的人员了解其能力和局限性，以确保提供充分和可靠程度的保护。

II–3. 可以使用不同的个人防护设备来防止外部照射和内部照射。防护服可以被设计成保护穿着者身体的大面积或单一器官，例如眼睛，免受某些类型的外部照射。然而，个人防护设备更常用于通过防止放射性物质与皮肤直接接触或被摄入来防止内部照射。

II–4. 呼吸防护设备旨在防止吸入放射性物质。

个人防护装备的选择

II–5. 在选择个人防护设备之前，需要提供以下信息：

(a) 放射性危害的性质：需要关于工作场所放射性状况的定性和定量信息，包括存在的放射性核素、其物理和化学形式、任何工作场所污染的分布和水平、照射途径和可能的照射程度；

(b) 存在其他危害：放射性风险需要与存在的其他危害一起考虑，以了解佩戴个人防护设备完成工作的困难；

(c) 个人防护设备的性能数据：需要关于个人防护设备提供的防护程度的数据。这些信息通常可以从制造商那里获得，他们已经在国际或国家法规和标准中规定的受控条件下进行了试验；

(d) 可接受的照射水平：需要确定使用个人防护设备所能达到的防护水平。在实践中，最好由合格的专家决定个人防护设备是否能提供足够的保护。

II–6. 只有按照制造商试验规定的标准安装、使用和维护个人防护设备，才能在实践中获得最大程度的保护。

II–7. 个人防护设备有各种尺寸。可能有必要尝试类似规范的不同产品，以找到舒适、合身并提供必要保护的个人防护设备。向个人防护设备使用者提供的培训需要强调每次良好配合和正确使用设备的重要性。

II–8. 个人防护设备需要按照制造商的建议进行清洁、检查和维护。

防护服

II–9. 防护服可用于保护身体免受某些类型的外部辐射，或防止污染物到达体表并减少污染物的扩散。与穿戴和脱下防护服相关的程序旨在控制松散污染。以下是典型防护服的示例：

(a) 含有相当于 0.33 毫米铅的柔性围裙可用于保护车身前部，双面围裙也保护身体的背部，围裙衰减了约 90%的低能辐射，如散射的 X 射线（几十千电子伏特）；

(b) 提供含有相当于 0.33 毫米铅的屏蔽材料的屏蔽手套和防护套。像围裙一样，它们只是抵御 β 辐射和低能 X 射线的有效屏障；

(c) 实验室外套通常用于有轻微放射性污染风险的地方。在干燥条件下穿实验室外套时，要戴上合适的手套和套鞋，在某些情况下，还要戴上帽子或风帽来保护头发和头部；

(d) 连体套装、工作服或工装裤用于可能对身体造成更广泛污染的工作场所；

(e) 防护手套的范围从轻质一次性聚乙烯手套到由其他合成材料、各种织物和弹性体、皮革、矿物纤维、玻璃纤维或材料混合物制成的手套；

(f) 防护鞋包括套鞋（或靴子）和专用鞋（或靴子）。套鞋允许在有轻微地板污染风险的地方穿个人鞋。最简单的形式是，套鞋是一次性的、单一尺寸的、带有弹性开口的脚形塑料袋。超大号的塑料鞋更贵也更耐用，但是如果它们不能完全覆盖个人的鞋并且不能提供紧密的合脚性，那么效果会更差。硬底的布艺套鞋或靴子，以及膝盖处由松紧带或拉绳支撑的打底裤的布艺套鞋也是一种选择；

(g) 加压塑料服装，戴上完整的头罩、橡胶手套和鞋子，在潮湿的条件下保护和防止空气中的氚污染。这种类型的服装也适用于涉及大量松散表面污染的工作。衣物配有充足的空气供应当，以冷却身体并去除污染的空气。呼吸空气被供应当到头罩；

(h) 必要时，可使用额外的特殊衣物（例如，在处理受污染的水时，使用厚橡胶手套和橡胶靴）。

II–10. 一些防护服有可重复使用或一次性两种形式。衣物的再利用涉及洗衣设施。重要的是，通过使用适当的行政控制水平和监控，将高度污染的衣物与仅有微量污染的衣物分开。还需要对已洗衣物的重新发放进行行政控制和监控。洗衣过程可能会增加要处理的低水平液态放射性废物的体积。

II–11. 当使用率高时，一次性衣物可能相对昂贵，并且它增加了要处理的固态放射性废物的体积。然而，当由于高度污染而无法洗衣时，使用一次性衣物是合适的。

呼吸防护设备类型

II–12. 有以下不同类型的呼吸防护设备：

(a) 呼吸器通过过滤掉微粒物质来去污空气，如低浓度的灰尘、气体或蒸汽。最常见的类型如下：
   (i) 过滤呼吸器；
   (ii) 半面罩呼吸器；
   (iii) 全面罩式呼吸器；
   (iv) 配有风扇和过滤器的电动呼吸器，可向半面罩、全面罩、护目镜、头罩、头盔、罩衫、半套装或全套套装供气。

(b) 呼吸器从独立的无污染来源提供清洁的空气或氧气。最常见的类型如下：
   (i) 新鲜空气软管设备；
   (ii) 恒流压缩空气设备；

(iii) 呼吸器，包括由压缩空气管线或独立压缩空气钢瓶供应当的全面罩和全套服装。

II–13. 呼吸防护设备和一些其他类型的个人防护设备通常具有由国家标准定义并在国家法规中提及的指定防护系数或标称防护系数。对呼吸防护设备进行性能试验，以确定向内泄漏。制造商通常引用标称保护系数，即环境大气中的污染物浓度与呼吸防护设备内的污染物浓度的预期比率。

II–14. 呼吸器在减少向内泄漏方面的有效性取决于以下两个独立的参数：

(a) 面部密封的完整性；
(b) 滤罐或过滤器的过滤能力。

呼吸防护设备的选择

II–15. 几种类型的呼吸防护设备可能能够提供必要的保护。所有类型的呼吸防护设备都可以防止低浓度的空气微粒污染物。如果需要防护放射性蒸汽和气体，选择仅限于某些类型的呼吸装置或呼吸器。为了防止高浓度的空气污染，呼吸器可能是唯一有效的选择。氚气具有很高的扩散率，需要特别注意防止其通过皮肤吸入、摄入或吸收。

II–16. 呼吸防护设备的使用需要小心控制。用户需要身体健康才能使用设备，并且能够按照预期佩戴设备。这可能包括体能试验。

可用于研究堆的呼吸防护设备

II–17. 以下呼吸防护设备通常用于研究堆（按防护的升序排列）：

(a) 过滤式面罩呼吸器：一些型号能够过滤恶臭（但无毒）气体和蒸汽；
(b) 弹性体半面罩或口鼻呼吸器：这些面罩覆盖鼻子和嘴，由可调节的带子固定。空气通过一个或多个过滤器和一个吸入阀（如果安装的话）吸入。过滤器包含在一个或多个滤筒（储罐）中。呼出的空气通过面罩中的呼气阀排放到大气中；
(c) 全面罩式呼吸器：这种呼吸器覆盖整个面部，用可调节的头带固定。空气通过一个或多个认可的过滤储罐和吸入阀（如果安装的话）吸入。这些呼吸器可用于涉及松散污染和空气中微粒的情况。带有活度炭储罐的全面罩式呼吸器可用于防护空气中的放射性碘。炭储罐必须对研究堆可能遇到的所有化学形式的放射性碘具有足够的去除效率；

(d) 电动空气去污呼吸器：这些呼吸器提供持续的气流进入面罩，以最大限度地减少面部密封周围污染空气的向内泄漏。理想情况下，标称防护系数仅由过滤器特征决定，并且高于无动力呼吸器的标称防护系数。受污染的空气由蓄电池供电的风扇通过一个或多个过滤器吸入，过滤后的空气被输送到面罩。供气面罩和供气罩在压力下提供呼吸空气，并对所有空气传播的污染物提供良好的呼吸保护，但如果存在氚化水蒸气，则不能提供皮肤吸收保护；

(e) 恒流压缩空气软管设备，其中压缩空气管线用于供应当面罩、风帽或罩衫：该系统提供充足的气流，并根据温度和湿度进行调节。压缩机需要无油。为了确保呼吸空气和仪器仪表空气不会意外互换，每个系统上可能会使用不同的、不兼容的配件。当使用便携式压缩机时，进气口需要来自无污染区域；

(f) 由个人携带的压缩气瓶提供空气或氧气的全面罩组成的自给式呼吸器：空气通过正压需求阀供应当给面罩；

(g) 包围全身（包括胳膊和腿）的通风加压服，可以由两件式（半套装）服或套装（全套）服组成：半套装在腰部密封在一起。套装可能有气密拉链。头罩的前部是透明的，对佩戴者的视觉造成最小的扭曲或干扰。压缩空气供应当软管连接到皮带上，以承受被拖动的应当力。一个阀门可以连接到腰带上，以允许穿着者控制整个套装或头罩的空气供应当。废气通过套装体内的排气阀排出。部分空气供应当也可用于冷却套装。

II–18. 呼吸防护设备需要良好的维护，并定期视察和试验。需要清洁呼吸防护设备的设施，需要通过监控和行政控制密切控制设备的重新发放使用。

其他个人防护装备

II–19. 其他类型的个人防护设备也可能是必要的，例如用于头部保护、眼睛保护或脚趾保护。当穿着封闭的服装或头罩时可以戴安全帽。安全护目镜可以戴在通风服内。如果所使用的每件个人防护装备都包含所有必要的防护，如通风头盔、带防护目镜的呼吸器或带防护鞋头的整体靴，这将是一个优势。使用带呼吸器的眼罩会严重限制已经受限的视力。在有污染危害的区域进行焊接需要特别改进的个人防护设备，通风服的头罩配有焊工面罩、护目镜和外部防护围裙以防止热碎片。

II–20. 由镀铝耐火材料制成的防护服可以抵御极端的辐射热。在非常热的环境中，可以使用冷却服。设计成耐化学品的防护服也可能适用于防止放射性危害，但这需要在使用前进行评定。

附件 III

研究堆中液态放射性废物收集或保存（延迟）储罐设计考虑

III–1. 在产生大量放射性液态废物的研究堆中，可以安装收集或储罐。一般来说，这种储罐由两个或更多个组成，这样一个储罐可以在对另一个储罐的内容物进行取样、分析或排放的同时进行灌装。此类储罐的设计需要包括以下内容：

(a) 储罐由耐化学侵蚀的材料制成，如钢、塑料、橡胶内衬碳钢或玻璃纤维；

(b) 储罐的构造使得它们可以在设计寿命内保持无泄漏；

(c) 储罐在任何时候都装有内容物体积的可视指示器，并具有当储罐几乎充满时运行的警告设备，以便进入的流出物可以手动或自动切换到填充另一个储罐；

(d) 储罐配有适当的搅拌、排气和转移设备，以防止污泥沉淀和有害气体在储罐中积聚；

(e) 规定了取样；

(f) 提供备用容量以应对计划外事件；

(g) 提供了进入储罐的通道，以便目视视察底部和侧面的任何内部沉积物的积聚，并在必要时允许进行清洁；

(h) 在储罐周围提供了第二种密封装置，以防止泄漏时污染扩散；

(i) 如有必要，还在储罐周围提供屏蔽。

参与起草和审订人员

Abou Yehia, H.	国际原子能机构
Bennett, D.G.	国际原子能机构
DeLorenzo, N.	阿根廷圣卡洛斯－德巴里洛切核电公司
Guskov, A.	国际原子能机构
Hardesty, D.	美国核管制委员会
Hargitai, T.	顾问（匈牙利）
Helvenston, E.	美国核管制委员会
Kemp, D.	澳大利亚核科学与技术组织
Sears, D.	国际原子能机构
Shaw, P.	国际原子能机构
Shokr, A.M.	国际原子能机构

IAEA
国际原子能机构

No. 27

当地订购

国际原子能机构的定价出版物可从我们的主要经销商或当地主要书商处购买。
未定价出版物应直接向国际原子能机构发订单。

定价出版物订单

请联系您当地的首选供应商或我们的主要经销商：

Eurospan
1 Bedford Row
London WC1R 4BU
United Kingdom

交易订单和查询：
电话：+44 (0) 1235 465576
电子信箱：trade.orders@marston.co.uk

个人订单：
电话：+44 (0) 1235 465577
电子信箱：direct.orders@marston.co.uk
网址：www.eurospanbookstore.com/iaea

欲了解更多信息：
电话：+44 (0) 207 240 0856
电子信箱：info@eurospan.co.uk
网址：www.eurospan.co.uk

定价和未定价出版物的订单均可直接发送至：

Publishing Section
International Atomic Energy Agency
Vienna International Centre
PO Box 100
1400 Vienna, Austria
电话：+43 1 2600 22529 或 22530
电子信箱：sales.publications@iaea.org
网址：https://www.iaea.org/zh/chu-ban-wu

24-01018C

FSC
www.fsc.org
MIX
Papier | Fördert gute Waldnutzung
FSC® C083411

Zeitfracht Medien GmbH
Ferdinand-Jühlke-Straße 7
99095 Erfurt, Deutschland
produktsicherheit@kolibri360.de

ЭКСПЛУАТИРУЮЩАЯ ОРГАНИЗАЦИЯ ДЛЯ АТОМНЫХ ЭЛЕКТРОСТАНЦИЙ

Членами Международного агентства по атомной энергии являются следующие государства:

АВСТРАЛИЯ
АВСТРИЯ
АЗЕРБАЙДЖАН
АЛБАНИЯ
АЛЖИР
АНГОЛА
АНТИГУА И БАРБУДА
АРГЕНТИНА
АРМЕНИЯ
АФГАНИСТАН
БАГАМСКИЕ ОСТРОВА
БАНГЛАДЕШ
БАРБАДОС
БАХРЕЙН
БЕЛАРУСЬ
БЕЛИЗ
БЕЛЬГИЯ
БЕНИН
БОЛГАРИЯ
БОЛИВИЯ, МНОГОНАЦИОНАЛЬНОЕ ГОСУДАРСТВО
БОСНИЯ И ГЕРЦЕГОВИНА
БОТСВАНА
БРАЗИЛИЯ
БРУНЕЙ-ДАРУССАЛАМ
БУРКИНА-ФАСО
БУРУНДИ
ВАНУАТУ
ВЕНГРИЯ
ВЕНЕСУЭЛА, БОЛИВАРИАНСКАЯ РЕСПУБЛИКА
ВЬЕТНАМ
ГАБОН
ГАИТИ
ГАЙАНА
ГАМБИЯ
ГАНА
ГВАТЕМАЛА
ГВИНЕЯ
ГЕРМАНИЯ
ГОНДУРАС
ГРЕНАДА
ГРЕЦИЯ
ГРУЗИЯ
ДАНИЯ
ДЕМОКРАТИЧЕСКАЯ РЕСПУБЛИКА КОНГО
ДЖИБУТИ
ДОМИНИКА
ДОМИНИКАНСКАЯ РЕСПУБЛИКА
ЕГИПЕТ
ЗАМБИЯ
ЗИМБАБВЕ
ИЗРАИЛЬ
ИНДИЯ
ИНДОНЕЗИЯ
ИОРДАНИЯ
ИРАК
ИРАН, ИСЛАМСКАЯ РЕСПУБЛИКА
ИРЛАНДИЯ
ИСЛАНДИЯ
ИСПАНИЯ
ИТАЛИЯ
ЙЕМЕН
КАБО-ВЕРДЕ
КАЗАХСТАН
КАМБОДЖА
КАМЕРУН
КАНАДА
КАТАР
КЕНИЯ
КИПР
КИТАЙ
КОЛУМБИЯ
КОМОРСКИЕ ОСТРОВА
КОНГО
КОРЕЯ, РЕСПУБЛИКА
КОСТА-РИКА
КОТ-Д'ИВУАР
КУБА
КУВЕЙТ
КЫРГЫЗСТАН
ЛАОССКАЯ НАРОДНО-ДЕМОКРАТИЧЕСКАЯ РЕСПУБЛИКА
ЛАТВИЯ
ЛЕСОТО
ЛИБЕРИЯ
ЛИВАН
ЛИВИЯ
ЛИТВА
ЛИХТЕНШТЕЙН
ЛЮКСЕМБУРГ
МАВРИКИЙ
МАВРИТАНИЯ
МАДАГАСКАР
МАЛАВИ
МАЛАЙЗИЯ
МАЛИ
МАЛЬТА
МАРОККО
МАРШАЛЛОВЫ ОСТРОВА
МЕКСИКА
МОЗАМБИК
МОНАКО
МОНГОЛИЯ
МЬЯНМА
НАМИБИЯ
НЕПАЛ
НИГЕР
НИГЕРИЯ
НИДЕРЛАНДОВ, КОРОЛЕВСТВО
НИКАРАГУА
НОВАЯ ЗЕЛАНДИЯ
НОРВЕГИЯ
ОБЪЕДИНЕННАЯ РЕСПУБЛИКА ТАНЗАНИЯ
ОБЪЕДИНЕННЫЕ АРАБСКИЕ ЭМИРАТЫ
ОМАН
ОСТРОВА КУКА
ПАКИСТАН
ПАЛАУ
ПАНАМА
ПАПУА — НОВАЯ ГВИНЕЯ
ПАРАГВАЙ
ПЕРУ
ПОЛЬША
ПОРТУГАЛИЯ
РЕСПУБЛИКА МОЛДОВА
РОССИЙСКАЯ ФЕДЕРАЦИЯ
РУАНДА
РУМЫНИЯ
САЛЬВАДОР
САМОА
САН-МАРИНО
САУДОВСКАЯ АРАВИЯ
СВЯТОЙ ПРЕСТОЛ
СЕВЕРНАЯ МАКЕДОНИЯ
СЕЙШЕЛЬСКИЕ ОСТРОВА
СЕНЕГАЛ
СЕНТ-ВИНСЕНТ И ГРЕНАДИНЫ
СЕНТ-КИТС И НЕВИС
СЕНТ-ЛЮСИЯ
СЕРБИЯ
СИНГАПУР
СИРИЙСКАЯ АРАБСКАЯ РЕСПУБЛИКА
СЛОВАКИЯ
СЛОВЕНИЯ
СОЕДИНЕННОЕ КОРОЛЕВСТВО ВЕЛИКОБРИТАНИИ И СЕВЕРНОЙ ИРЛАНДИИ
СОЕДИНЕННЫЕ ШТАТЫ АМЕРИКИ
СОМАЛИ
СУДАН
СЬЕРРА-ЛЕОНЕ
ТАДЖИКИСТАН
ТАИЛАНД
ТОГО
ТОНГА
ТРИНИДАД И ТОБАГО
ТУНИС
ТУРКМЕНИСТАН
ТУРЦИЯ
УГАНДА
УЗБЕКИСТАН
УКРАИНА
УРУГВАЙ
ФИДЖИ
ФИЛИППИНЫ
ФИНЛЯНДИЯ
ФРАНЦИЯ
ХОРВАТИЯ
ЦЕНТРАЛЬНОАФРИКАНСКАЯ РЕСПУБЛИКА
ЧАД
ЧЕРНОГОРИЯ
ЧЕШСКАЯ РЕСПУБЛИКА
ЧИЛИ
ШВЕЙЦАРИЯ
ШВЕЦИЯ
ШРИ-ЛАНКА
ЭКВАДОР
ЭРИТРЕЯ
ЭСВАТИНИ
ЭСТОНИЯ
ЭФИОПИЯ
ЮЖНАЯ АФРИКА
ЯМАЙКА
ЯПОНИЯ

Устав Агентства был утвержден 23 октября 1956 года на Конференции по выработке Устава МАГАТЭ, которая состоялась в Центральных учреждениях Организации Объединенных Наций в Нью-Йорке. Устав вступил в силу 29 июля 1957 года. Центральные учреждения Агентства находятся в Вене. Главной целью Агентства является достижение «более скорого и широкого использования атомной энергии для поддержания мира, здоровья и благосостояния во всем мире».

Серия норм безопасности МАГАТЭ, № SSG-72

ЭКСПЛУАТИРУЮЩАЯ ОРГАНИЗАЦИЯ ДЛЯ АТОМНЫХ ЭЛЕКТРОСТАНЦИЙ

СПЕЦИАЛЬНОЕ РУКОВОДСТВО ПО БЕЗОПАСНОСТИ

МЕЖДУНАРОДНОЕ АГЕНТСТВО ПО АТОМНОЙ ЭНЕРГИИ
ВЕНА, 2025

УВЕДОМЛЕНИЕ ОБ АВТОРСКОМ ПРАВЕ

Издательская секция (Publishing Section)
Международное агентство по атомной энергии
Венский международный центр,
а/я 100,
A1400 Вена, Австрия
тел.: +43 1 2600 22529 или 22530
эл. почта: sales.publications@iaea.org
https://www.iaea.org/ru/publikacii

Отпечатано МАГАТЭ в Австрии
Апрель, 2025
STI/PUB/2013

ЭКСПЛУАТИРУЮЩАЯ ОРГАНИЗАЦИЯ ДЛЯ АТОМНЫХ ЭЛЕКТРОСТАНЦИЙ
МАГАТЭ, ВЕНА, 2025 ГОД
STI/PUB/2013
ISBN 978-92-0-434024-2 (печатный формат) | ISBN 978-92-0-434124-9 (формат pdf) | ISBN 978-92-0-434224-6 (формат epub)
ISSN 1020-5845

ПРЕДИСЛОВИЕ

Рафаэль Мариано Гросси
Генеральный директор

Согласно своему Уставу, МАГАТЭ уполномочивается «устанавливать... нормы безопасности для охраны здоровья и сведения к минимуму опасности для жизни и имущества». Речь идет о нормах, которые МАГАТЭ должно применять в отношении своей собственной деятельности и которые государства могут применять в рамках своих национальных регулирующих положений.

Программа норм безопасности МАГАТЭ была начата в 1958 году, и с тех пор произошло много изменений. Как Генеральный директор я разделяю стремление к тому, чтобы МАГАТЭ и далее поддерживало и совершенствовало эту всеобъемлющую, многогранную и последовательную серию изданий, в которой выходят актуальные, удобные для пользователя и соответствующие поставленным целям нормы безопасности, неизменно высокого качества. Их надлежащее применение при использовании ядерной науки и технологий позволит достичь высоких стандартов защиты людей и окружающей среды во всем мире и обеспечить необходимую уверенность для непрерывного использования ядерных технологий ради всеобщего блага.

Обеспечение безопасности относится к сфере ответственности государства, что закреплено в ряде международных конвенций. Нормы безопасности МАГАТЭ составляют основу этих правовых документов и служат глобальным источником информации, которым могут руководствоваться стороны при выполнении своих обязательств. Хотя нормы безопасности не имеют для государств-членов обязательной юридической силы, они широко применяются на практике. Они выполняют функцию незаменимого источника информации и общего знаменателя для подавляющего большинства государств-членов, которые внедрили эти нормы в свои национальные регулирующие положения в целях укрепления безопасности на ядерных энергетических установках, исследовательских реакторах и установках топливного цикла, а также в области применения ядерных технологий в медицине, промышленности, сельском хозяйстве и научных исследованиях.

Нормы безопасности МАГАТЭ обобщают практический опыт государств-членов и подготовлены на основе международного консенсуса. Особенно важное значение имеет то, что в их разработке принимают участие члены профильных комитетов по нормам безопасности, Комитета по руководящим материалам по физической ядерной безопасности и Комиссии по нормам безопасности, и я признателен всем тем, кто привносит в эту деятельность свои знания и опыт.

Со своей стороны МАГАТЭ также опирается на эти нормы безопасности, когда оказывает помощь государствам-членам в рамках своих миссий по экспертной оценке и консультационных услуг. Это облегчает государствам-членам применение данных норм на практике и создает условия для обмена ценным опытом и аналитическими наработками. Нормы безопасности периодически пересматриваются с учетом отзывов, полученных по итогам соответствующих миссий и услуг, уроков, извлеченных в результате тех или иных событий, а также опыта работы с такими материалами.

Я убежден, что нормы безопасности МАГАТЭ, как и практика их применения, вносят неоценимый вклад в обеспечение высокого уровня безопасности во всех сферах, где используются ядерные технологии. Я призываю все государства-члены способствовать более широкому применению этих норм и сотрудничать с МАГАТЭ в интересах поддержания их качества как в реалиях сегодняшнего дня, так и в будущем.

НОРМЫ БЕЗОПАСНОСТИ МАГАТЭ

ОБЩИЕ СВЕДЕНИЯ

Радиоактивность — это естественное явление, и в окружающей среде присутствуют природные (естественные) источники излучения. Ионизирующие излучения и радиоактивные вещества с пользой применяются во многих сферах — от производства энергии до использования в медицине, промышленности и сельском хозяйстве. Радиационные риски, которым в результате этих применений могут подвергаться работники, население и окружающая среда, подлежат оценке и должны в случае необходимости контролироваться.

Поэтому такая деятельность, как медицинское использование излучения, эксплуатация ядерных установок, производство, перевозка и использование радиоактивных материалов и обращение с радиоактивными отходами, должна осуществляться в соответствии с нормами безопасности.

Ответственность за регулирование в области безопасности возлагается на государства. Однако радиационные риски могут выходить за пределы национальных границ, и в рамках международного сотрудничества принимаются меры по обеспечению и укреплению безопасности в глобальном масштабе посредством обмена опытом и расширения возможностей для контроля опасностей, предотвращения аварий, реагирования в случае аварийных ситуаций и смягчения любых вредных последствий.

Государства обязаны проявлять должную осмотрительность и соответствующую осторожность, и предполагается, что они будут выполнять свои национальные и международные обязательства.

Международные нормы безопасности содействуют выполнению государствами своих обязательств согласно общим принципам международного права, например, касающимся охраны окружающей среды. Кроме того, международные нормы безопасности укрепляют и обеспечивают уверенность в безопасности и способствуют международной торговле.

Глобальный режим ядерной безопасности постоянно совершенствуется. Нормы безопасности МАГАТЭ, которые поддерживают осуществление имеющих обязательную силу международных договорно-правовых документов и функционирование национальных инфраструктур безопасности, являются краеугольным камнем этого глобального режима. Нормы безопасности МАГАТЭ представляют собой полезный инструмент, с помощью которого договаривающиеся стороны оценивают свою деятельность по выполнению этих конвенций.

НОРМЫ БЕЗОПАСНОСТИ МАГАТЭ

Статус норм безопасности МАГАТЭ вытекает из Устава МАГАТЭ, которым МАГАТЭ уполномочивается устанавливать и применять, в консультации и в надлежащих случаях в сотрудничестве с компетентными органами Организации Объединенных Наций и с заинтересованными специализированными учреждениями, нормы безопасности для охраны здоровья и сведения к минимуму опасности для жизни и имущества и обеспечивать применение этих норм.

В целях обеспечения защиты людей и охраны окружающей среды от вредного воздействия ионизирующего излучения нормы безопасности МАГАТЭ устанавливают основополагающие принципы безопасности, требования и меры для обеспечения контроля за радиационным облучением людей и выбросом радиоактивного материала в окружающую среду, ограничения вероятности событий, которые могут привести к утрате контроля за активной зоной ядерного реактора, ядерной цепной реакцией, радиоактивным источником или любым другим источником излучения, и смягчения последствий таких событий в случае, если они будут иметь место. Нормы касаются установок и деятельности, связанных с радиационными рисками, включая ядерные установки, использование радиационных и радиоактивных источников, перевозку радиоактивных материалов и обращение с радиоактивными отходами.

Меры по обеспечению безопасности и физической безопасности[1] преследуют общую цель защиты жизни и здоровья людей и охраны окружающей среды. Меры по обеспечению безопасности и физической безопасности должны разрабатываться и осуществляться комплексно таким образом, чтобы меры по обеспечению физической безопасности не осуществлялись в ущерб безопасности, и наоборот, чтобы меры по обеспечению безопасности не осуществлялись в ущерб физической безопасности.

Нормы безопасности МАГАТЭ отражают международный консенсус в отношении того, что является основой высокого уровня безопасности для защиты людей и охраны окружающей среды от вредного воздействия ионизирующего излучения. Они выпускаются в Серии норм безопасности МАГАТЭ, которая состоит из документов трех категорий (см. рис. 1).

---

[1] См. также публикации в Серии изданий МАГАТЭ по физической ядерной безопасности.

РИС. 1. Долгосрочная структура Серии норм безопасности МАГАТЭ.

Основы безопасности

Основы безопасности содержат основополагающие цели и принципы защиты и безопасности и служат основой для требований безопасности.

Требования безопасности

Комплексный и согласованный свод требований безопасности устанавливает требования, которые должны выполняться с целью обеспечения защиты людей и охраны окружающей среды в настоящее время и в будущем. Эти требования устанавливаются в соответствии с целями и принципами, изложенными в Основах безопасности. Если требования не выполняются, то должны приниматься меры для достижения или восстановления требуемого уровня безопасности. Формат и стиль требований облегчают их гармоничное использование для создания национальной основы регулирования. Требования, включая пронумерованные всеобъемлющие требования, выражаются формулировками «должен, должна, должно, должны». Многие требования конкретно не адресуются, а это означает, что за их выполнение отвечают соответствующие стороны.

Руководства по безопасности

В руководствах по безопасности содержатся рекомендации и руководящие материалы, касающиеся выполнения требований безопасности, и в них выражается международный консенсус в отношении необходимости принятия рекомендуемых мер (или эквивалентных альтернативных мер). В руководствах по безопасности представлена международная надлежащая практика, и они во все большей степени отражают наилучшую практику, помогающую пользователям достичь высокого уровня безопасности. Рекомендации, содержащиеся в руководствах по безопасности, формулируются с применением глагола «следует».

ПРИМЕНЕНИЕ НОРМ БЕЗОПАСНОСТИ МАГАТЭ

Основными пользователями норм безопасности в государствах — членах МАГАТЭ являются регулирующие и другие соответствующие государственные органы. Кроме того, нормы безопасности МАГАТЭ используются другими организациями-спонсорами и многочисленными организациями, которые занимаются проектированием, сооружением и эксплуатацией ядерных установок, а также организациями, участвующими в использовании радиационных и радиоактивных источников.

Нормы безопасности МАГАТЭ применяются в соответствующих случаях на протяжении всего жизненного цикла всех имеющихся и новых установок, используемых в мирных целях, и на протяжении всей нынешней и новой деятельности в мирных целях, а также в отношении защитных мер, применяемых с целью уменьшения существующих радиационных рисков. Они могут использоваться государствами в качестве основы для национальных регулирующих положений в отношении установок и деятельности.

Согласно Уставу МАГАТЭ нормы безопасности являются обязательными для МАГАТЭ применительно к его собственной деятельности, а также для государств применительно к работе, выполняемой с помощью МАГАТЭ.

Кроме того, нормы безопасности МАГАТЭ формируют основу для услуг МАГАТЭ по рассмотрению безопасности, и они используются МАГАТЭ для повышения компетентности, включая разработку учебных планов и проведение учебных курсов.

Международные конвенции содержат требования, которые аналогичны требованиям, изложенным в нормах безопасности МАГАТЭ, и являются обязательными для договаривающихся сторон. Нормы безопасности МАГАТЭ, подкрепляемые международными конвенциями, отраслевыми стандартами и подробными национальными требованиями, создают прочную основу для защиты людей и охраны окружающей среды. Существуют также некоторые особые вопросы безопасности, требующие оценки на национальном уровне. Например, многие нормы безопасности МАГАТЭ, особенно нормы, посвященные вопросам планирования или разработки мер по обеспечению безопасности, предназначаются, прежде всего, для применения к новым установкам и видам деятельности. На некоторых существующих установках, сооруженных в соответствии с нормами, принятыми ранее, не возможно выполнять в полном объеме требования, установленные в нормах безопасности МАГАТЭ. Вопрос о том, как нормы безопасности МАГАТЭ должны применяться на таких установках, решают сами государства.

Научные соображения, лежащие в основе норм безопасности МАГАТЭ, обеспечивают объективную основу для принятия решений по вопросам безопасности; однако органы, отвечающие за принятие решений, должны также выносить обоснованные суждения, а также должны определять, как обеспечить оптимальный баланс между пользой от принимаемых мер или осуществляемых мероприятий и связанными с ними радиационными рисками и любыми иными негативными последствиями применения этих мер или мероприятий.

ПРОЦЕСС РАЗРАБОТКИ НОРМ БЕЗОПАСНОСТИ МАГАТЭ

Подготовкой и рассмотрением норм безопасности занимаются Секретариат МАГАТЭ и пять комитетов по нормам безопасности, охватывающих аварийную готовность и реагирование (ЭПРеСК), ядерную безопасность (НУССК), радиационную безопасность (РАССК), безопасность радиоактивных отходов (ВАССК) и безопасную перевозку радиоактивных материалов (ТРАНССК), а также Комиссия по нормам безопасности (КНБ), которая осуществляет надзор за программой по нормам безопасности МАГАТЭ (см. рис. 2).

Все государства — члены МАГАТЭ могут назначать экспертов в комитеты по нормам безопасности и представлять замечания по проектам норм. Члены Комиссии по нормам безопасности назначаются Генеральным директором, и в ее состав входят старшие правительственные должностные лица, несущие ответственность за установление национальных норм.

Для осуществления процессов планирования, разработки, рассмотрения, пересмотра и установления норм безопасности МАГАТЭ создана система управления. Особое место в ней занимают мандат МАГАТЭ,

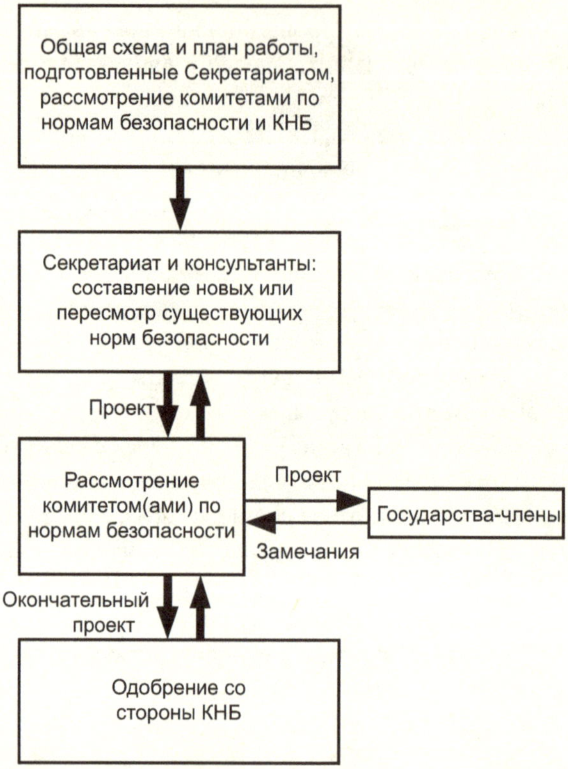

РИС. 2. Процесс разработки новых норм безопасности или пересмотр существующих норм.

видение будущего применения норм, политики и стратегий безопасности и соответствующие функции и обязанности.

ВЗАИМОДЕЙСТВИЕ С ДРУГИМИ МЕЖДУНАРОДНЫМИ ОРГАНИЗАЦИЯМИ

При разработке норм безопасности МАГАТЭ учитываются выводы Научного комитета ООН по действию атомной радиации (НКДАР ООН) и рекомендации международных экспертных органов, в частности, Международной комиссии по радиологической защите (МКРЗ). Некоторые нормы безопасности разрабатываются в сотрудничестве с другими органами системы Организации Объединенных Наций или другими специализированными учреждениями, включая Продовольственную и сельскохозяйственную организацию Объединенных Наций, Программу

Организации Объединенных Наций по окружающей среде, Международную организацию труда, Агентство по ядерной энергии ОЭСР, Панамериканскую организацию здравоохранения и Всемирную организацию здравоохранения.

ТОЛКОВАНИЕ ТЕКСТА

Относящиеся к ядерной и физической безопасности термины следует понимать так, как они представлены в Глоссарии МАГАТЭ по ядерной и физической безопасности (см. https://www.iaea.org/resources/publications/iaea-nuclear-safety-and-security-glossary). Во всех остальных случаях в издании на английском языке слова используются с написанием и значением, приведенными в последнем издании Краткого оксфордского словаря английского языка. Для руководств по безопасности аутентичным текстом является английский вариант.

Общие сведения и соответствующий контекст норм в Серии норм безопасности МАГАТЭ, а также их цель, сфера применения и структура приводятся в разделе 1 «Введение» каждой публикации.

Материал, который нецелесообразно включать в основной текст (например, материал, являющийся вспомогательным или отдельным от основного текста, дополняет формулировки основного текста или описывает методы расчетов, процедуры или пределы и условия), может быть представлен в дополнениях или приложениях.

Дополнение, если оно включено, рассматривается в качестве неотъемлемой части норм безопасности. Материал в дополнении имеет тот же статус, что и основной текст, и МАГАТЭ берет на себя авторство в отношении такого материала. Приложения и сноски к основному тексту, если они включены, используются для предоставления практических примеров или дополнительной информации или пояснений. Приложения и сноски не являются неотъемлемой частью основного текста. Материал в приложениях, опубликованный МАГАТЭ, не обязательно выпускается в качестве его авторского материала; в приложениях к нормам безопасности может быть представлен материал, имеющий другое авторство. Посторонний материал, публикуемый в приложениях, приводится в виде выдержек и адаптируется по мере необходимости, с тем чтобы быть в целом полезным.

СОДЕРЖАНИЕ

1. ВВЕДЕНИЕ 1

Общие сведения (1.1–1.6) 1
Цель (1.7, 1.8) 2
Область применения (1.9–1.11) 3
Структура (1.12) 3

2. ОРГАНИЗАЦИОННАЯ СТРУКТУРА 4

Эксплуатирующая организация атомной электростанции (2.1, 2.2) 4
Система менеджмента атомной электростанции (2.3–2.8) 5
Структура эксплуатирующей организации (2.9–2.19) 6

3. ФУНКЦИИ И ОБЯЗАННОСТИ ЭКСПЛУАТИРУЮЩЕЙ ОРГАНИЗАЦИИ АТОМНОЙ ЭЛЕКТРОСТАНЦИИ 10

Функции эксплуатирующей организации (3.1) 10
Обязанности эксплуатирующей организации (3.2–3.6) 10
Обязанности административного руководства станции (3.7–3.14) 13
Цели и задачи (3.15–3.19) 14

4. ВЗАИМОДЕЙСТВИЕ С ВНЕШНИМИ ОРГАНИЗАЦИЯМИ . 16

Взаимодействие с регулирующим органом (4.1, 4.2) 16
Взаимодействие с внешними организациями поддержки (4.3–4.9) 17
Взаимодействие с общественностью (4.10–4.13) 19

5. ЛИДЕРСТВО И МЕНЕДЖМЕНТ ДЛЯ ОБЕСПЕЧЕНИЯ БЕЗОПАСНОСТИ 20

Приверженность руководства обеспечению безопасности (5.1–5.4) 20
Политика в области безопасности (5.5–5.9) 21
Осуществление деятельности, связанной с безопасностью (5.10–5.13) 22
Модификации станции (5.14) 23
Восстановление после нештатных ситуаций (5.15, 5.16) 24

Мониторинг, рассмотрение и постоянное улучшение показателей безопасности (5.17–5.33) 24

6. КОММУНИКАЦИЯ И СВЯЗЬ 28

Коммуникация (6.1–6.7) 28
Связь (6.8–6.13) 30

7. УПРАВЛЕНИЕ ЭКСПЛУАТАЦИЕЙ СТАНЦИИ 32

Общие сведения (7.1–7.7) 32
Укомплектование персоналом атомной электростанции (7.8–7.15) 35
Квалификация и подготовка персонала атомных электростанций (7.16–7.18) 37
Ввод в эксплуатацию (7.19–7.22) 38
Эксплуатационные пределы и условия и эксплуатационные процедуры (7.23–7.26) 39
Эксплуатация сменными бригадами (7.27, 7.28) 39
Управление техническим обслуживанием и остановами (7.29–7.33) 41
Инспекции в процессе эксплуатации (7.34, 7.35) 41
Надзор (7.36–7.38) 42
Аттестация оборудования (7.39–7.45) 43
Управление активной зоной и обращение с топливом (7.46–7.49) 44
Программа контроля водно-химического режима (7.50–7.52) 45
Оценка безопасности и периодическая экспертиза безопасности (7.53–7.56) 45
Физическая ядерная безопасность (7.57–7.59) 47
Радиационная защита (7.60–7.64) 48
Безопасность при работах, не связанных с источниками излучения (7.65–7.68) 49
Обращение с радиоактивными отходами (7.69–7.72) 50
Аварийная готовность (7.73–7.78) 50
Управление авариями (7.79–7.81) 52
Противопожарная безопасность (7.82–7.84) 52
Работа персонала и предотвращение человеческих ошибок (7.85–7.91) 53
Учет опыта эксплуатации (7.92–7.95) 55
Управление конфигурацией станции и модификации станции (7.96–7.101) 56

Контроль документации и отчетов (7.102–7.105) 57
Управление старением и долгосрочная эксплуатация (7.106–7.108) 58
Подготовка к выводу из эксплуатации (7.109–7.114) 59

СПИСОК ИСПОЛЬЗОВАННЫХ ИСТОЧНИКОВ 60

ПРИЛОЖЕНИЕ: ИНСТРУМЕНТЫ ДЛЯ ОБЕСПЕЧЕНИЯ НЕПРЕРЫВНОГО СОВЕРШЕНСТВОВАНИЯ. 65

СОСТАВИТЕЛИ И РЕЦЕНЗЕНТЫ 69

1. ВВЕДЕНИЕ

ОБЩИЕ СВЕДЕНИЯ

1.1. Требования к эксплуатации атомных электростанций изложены в публикации Серии норм безопасности МАГАТЭ, № SSR-2/2 (Rev. 1) «Безопасность атомных электростанций: ввод в эксплуатацию и эксплуатация» [1], тогда как требования к проектированию атомных электростанций изложены в публикации Серии норм безопасности МАГАТЭ, № SSR-2/1 (Rev. 1) «Безопасность атомных электростанций: проектирование» [2].

1.2. Требования к созданию, устойчивому поддержанию и постоянному совершенствованию лидерства и менеджмента в целях обеспечения безопасности, а также к эффективной системе менеджмента для всех установок и видов деятельности изложены в публикации Серии норм безопасности МАГАТЭ, № GSR Part 2 «Лидерство и менеджмент для обеспечения безопасности» [3].

1.3. Настоящее руководство по безопасности содержит конкретные рекомендации применительно к созданию и поддержанию функционирования эксплуатирующей организации атомных электростанций с целью обеспечения эффективного менеджмента для обеспечения безопасности.

1.4. Настоящее руководство по безопасности было разработано параллельно с шестью другими руководствами по безопасности в области эксплуатации атомных электростанций, перечисленными ниже:

— публикацией Серии норм безопасности МАГАТЭ, № SSG-70 «Operational Limits and Conditions and Operating Procedures for Nuclear Power Plants» («Пределы и условия для эксплуатации и эксплуатационные процедуры для атомных электростанций») [4];
— публикацией Серии норм безопасности МАГАТЭ, № SSG-71 «Modifications to Nuclear Power Plants» («Модификации на атомных электростанциях») [5];
— публикацией Серии норм безопасности МАГАТЭ, № SSG-73 «Core Management and Fuel Handling for Nuclear Power Plants» («Управление активной зоной и выполнение транспортно-технологических операций с топливом на атомных электростанциях») [6];

— публикацией Серии норм безопасности МАГАТЭ, № SSG-74 «Maintenance, Testing, Surveillance and Inspection in Nuclear Power Plants» («Техническое обслуживание, испытания, надзор и инспекции на атомных электростанциях») [7];
— публикацией Серии норм безопасности МАГАТЭ, № SSG-75, «Recruitment, Qualification and Training of Personnel for Nuclear Power Plants» («Набор, квалификационная аттестация и профессиональная подготовка персонала атомных электростанций») [8];
— публикацией Серии норм безопасности МАГАТЭ, № SSG-76 «Conduct of Operations at Nuclear Power Plants» («Ведение эксплуатации атомных электростанций» [9].

Коллективной целью данной группы руководств по безопасности является поддержка развития высокого уровня культуры безопасности на атомных электростанциях.

1.5. Термины, используемые в настоящем руководстве по безопасности, следует трактовать согласно определениям и пояснениям, приведенным в Глоссарии МАГАТЭ по вопросам безопасности [10].

1.6. Настоящее руководство по безопасности заменяет публикацию Серии норм безопасности МАГАТЭ, № NS-G-2.4 «Эксплуатирующая организация для атомных электростанций»[1].

ЦЕЛЬ

1.7. Цель настоящего руководства по безопасности — предоставить рекомендации по созданию и поддержанию функционирования эксплуатирующей организации атомной электростанции в соответствии с требованиями, изложенными в публикациях SSR-2/2 (Rev. 1) [1] и GSR Part 2 [3].

1.8. Рекомендации, изложенные в настоящем руководстве по безопасности, адресованы в первую очередь эксплуатирующим организациям атомных электростанций и регулирующим органам.

---

[1] МЕЖДУНАРОДНОЕ АГЕНТСТВО ПО АТОМНОЙ ЭНЕРГИИ «Эксплуатирующая организация для атомных электростанций», Серия норм безопасности МАГАТЭ, № NS-G-2.4, МАГАТЭ, Вена (2004).

ОБЛАСТЬ ПРИМЕНЕНИЯ

1.9. Ожидается, что настоящее руководство по безопасности будет использоваться прежде всего применительно к наземным стационарным атомным электростанциям с водоохлаждаемыми реакторами, предназначенным для производства электроэнергии или иных промышленных применений (таких как централизованное теплоснабжение или опреснение воды).

1.10. В большинстве государств эксплуатирующая организация является юридическим лицом, ответственным за выполнение обязательств по обеспечению безопасности, финансовых и коммерческих обязательств, а также других обязательств, связанных с эксплуатацией атомной электростанции. В настоящем руководстве по безопасности рассматриваются только те обязанности и обязательства, которые необходимы для обеспечения безопасной эксплуатации атомной электростанции или атомных электростанций, находящихся под контролем эксплуатирующей организации.

1.11. В настоящем руководстве по безопасности рассматриваются этапы ввода в эксплуатацию, эксплуатации и подготовки к выводу из эксплуатации атомной электростанции. Роль эксплуатирующей организации в выборе площадки, проектировании, изготовлении и сооружении атомной электростанции не входит в область применения настоящего руководства по безопасности.

СТРУКТУРА

1.12. В разделе 2 изложены рекомендации по определению структуры эксплуатирующей организации и созданию системы менеджмента. В разделе 3 приведены рекомендации по определению функций, обязанностей, целей и задач эксплуатирующей организации таким образом, чтобы обеспечивалась безопасная эксплуатация атомной электростанции. Рекомендации по управлению взаимодействием между эксплуатирующей организацией и внешними организациями приведены в разделе 4. В разделе 5 представлены рекомендации по менеджменту для обеспечения безопасности. Рекомендации по вопросам внутренней и внешней коммуникации, а также по вопросам связи применительно к реализации эффективной системы менеджмента в эксплуатирующей организации приведены в разделе 6. В разделе 7 содержатся рекомендации по созданию эксплуатирующей организацией программ менеджмента[2]. В приложении приведены примеры инструментов, которые могут быть использованы эксплуатирующей организацией для обеспечения непрерывного совершенствования эксплуатационной деятельности на атомной электростанции.

2. ОРГАНИЗАЦИОННАЯ СТРУКТУРА

ЭКСПЛУАТИРУЮЩАЯ ОРГАНИЗАЦИЯ АТОМНОЙ ЭЛЕКТРОСТАНЦИИ

2.1. Термин «эксплуатирующая организация» определяется как любая организация или физическое лицо, которые подают заявку на получение официального разрешения или получили официальное разрешение эксплуатировать имеющую официальное разрешение установку или осуществлять официально разрешенную деятельность и несут ответственность за обеспечение безопасности [10]. Для целей настоящего руководства по безопасности термин «эксплуатирующая организация» используется для обозначения компании или энергопредприятия, имеющего официальное разрешение эксплуатировать одну или несколько атомных электростанций.

2.2. Требуется, чтобы эксплуатирующая организация имела официальное разрешение на эксплуатацию атомной электростанции, которое предоставляется в рамках системы лицензирования, созданной в соответствии с национальной нормативной базой регулирования. Требования, предъявляемые к такой нормативной базе, включая выдачу эксплуатирующим организациям официальных разрешений и лицензирование эксплуатирующих организаций, изложены в публикации Серии норм безопасности МАГАТЭ, № GSR Part 1 (Rev.1) «Государственная, правовая и регулирующая основа обеспечения безопасности» [11].

---

[2] Для целей настоящего руководства по безопасности «программа менеджмента» включает в себя систематическое применение планирования графиков, процедур, рассмотрений и аудитов, подкрепленных соответствующими ресурсами для реализации конкретной политики менеджмента.

СИСТЕМА МЕНЕДЖМЕНТА АТОМНОЙ ЭЛЕКТРОСТАНЦИИ

2.3. Требуется, чтобы эксплуатирующая организация разработала, внедрила, оценивала и постоянно совершенствовала систему менеджмента в соответствии с требованиями, изложенными в публикации GSR Part 2 [3] и требованием 2 публикации SSR-2/2 (Rev. 1) [1]. Рекомендации по системе менеджмента атомной электростанции представлены в публикации Серии норм безопасности МАГАТЭ, № GS-G-3.5 «Система управления для ядерных установок» [12].

2.4. Требуется, чтобы в рамках системы менеджмента эксплуатирующая организация определила различные функции, необходимые для безопасной эксплуатации атомной электростанции (см. пункт 3.2 публикации SSR-2/2 (Rev. 1) [1]). Эксплуатирующей организации следует решить, какие функции следует осуществлять i) на площадке станции, ii) за пределами площадки, но в рамках эксплуатирующей организации, и iii) вне эксплуатирующей организации.

2.5. Требуется, чтобы в рамках системы менеджмента эксплуатирующая организация определила направления политики, порядок распределения ответственности и полномочий, линии коммуникации, а также виды деятельности по рассмотрению и оказанию поддержки (см. пункт 3.2 публикации SSR-2/2 (Rev. 1) [1]).

2.6. Пункт 3.11 публикации SSR-2/2 (Rev.1) [1] гласит: «Необходимо, чтобы организация, квалификация и численность эксплуатационного персонала были достаточны для обеспечения безопасной и надежной эксплуатации станции во всех эксплуатационных состояниях и в аварийных условиях». Следует регулярно проводить переоценку штатного расписания станции и, в случае необходимости, вносить в него изменения с целью отражения нововведений в части обеспечения безопасности эксплуатации.

2.7. Следует заблаговременно создать систему менеджмента таким образом, чтобы были внедрены необходимые процессы (включая подбор и подготовку персонала) для этапа ввода в эксплуатацию и чтобы было обеспечено, что все процессы были учреждены до начала эксплуатации. Следует обеспечить, чтобы система менеджмента стала основой для первоначальной программы подбора и подготовки персонала, а также для всех последующих программ.

2.8. Пункт 6.6 публикации GSR Part 2 [3] гласит:

> «Руководство высшего звена должно проводить анализ системы менеджмента в запланированные интервалы для подтверждения ее приемлемости и результативности, а также ее способности обеспечивать достижение целей организации с учетом новых требований и изменений в организации».

СТРУКТУРА ЭКСПЛУАТИРУЮЩЕЙ ОРГАНИЗАЦИИ

2.9. Требование 3 публикации SSR-2/2 (Rev. 1) [1] гласит: «**Структура эксплуатирующей организации и функции, роли и обязанности ее персонала устанавливаются и документально оформляются**».

2.10. При определении структуры эксплуатирующей организации атомной электростанции и требований к ее укомплектованию персоналом необходимо учитывать следующие факторы:

a) необходимость обеспечения соответствия конструкций, систем и элементов, важных для безопасности, проектным требованиям;
b) необходимость принятия мер радиационной защиты и соответствующих положений о медицинском наблюдении в соответствии с требованиями, установленными в публикации Серии норм безопасности МАГАТЭ, № GSR Part 3 «Радиационная защита и безопасность источников излучения: Международные основные нормы безопасности» [13];
c) необходимость обеспечения выполнения фундаментальных функций безопасности во всех состояниях станции, как описано в Требовании 4 публикации SSR-2/1 (Rev. 1) [2], а именно: i) управление реактивностью, ii) отвод тепла от реактора и бассейна выдержки топлива, и iii) локализация радиоактивного материала, защита от излучения и контроль плановых радиоактивных сбросов, а также ограничение аварийных радиоактивных выбросов;
d) необходимость тщательного анализа и рассмотрения проекта, строительства, эксплуатации и модификаций станции согласно соответствующим требованиям публикаций SSR-2/1 (Rev. 1) [2] и SSR-2/2 (Rev. 1) [1];
e) необходимость обеспечения готовности к ядерной или радиологической аварийной ситуации и координации планов противоаварийных мероприятий с планами регулирующего органа,

государственных органов и других организаций реагирования в соответствии с требованиями, установленными в публикации Серии норм безопасности МАГАТЭ, № GSR Part 7 «Готовность и реагирование в случае ядерной или радиологической аварийной ситуации» 14];

f) необходимость сведения к минимуму и контроля радиоактивных выбросов и образования отходов и обеспечения надзора за состоянием окружающей среды в соответствии с пунктами 5.11 и 5.17–5.20 публикации SSR-2/2 (Rev. 1) [1];

g) необходимость контроля доступа на станцию и в определенные зоны на площадке для обеспечения защиты и безопасности, а также с целью обеспечения физической ядерной безопасности (см. пункт 5.1 публикации SSR-2/2 (Rev. 1) [1]);

h) необходимость проведения деятельности, затрагивающей узлы, важные для безопасности, в соответствии с системой менеджмента (см. пункты 2.3–2.8), включая необходимость проверки того, была ли такая деятельность выполнена в соответствии с установленными требованиями;

i) необходимость подготовки и переподготовки эксплуатационного персонала и подрядчиков для достижения и поддержания надлежащего уровня компетентности в соответствии с требованием 7 публикации SSR-2/2 (Rev. 1) [1];

j) необходимость учитывать факторы, которые могут повлиять на работу персонала (см. пункт 4.29 публикации SSR-2/2 (Rev. 1) [1]), с тем чтобы работа могла выполняться безопасно и должным образом, без излишних требований к способности эксплуатационного персонала выдерживать физические или психологические нагрузки;

k) необходимость обеспечения того, чтобы отношение к безопасности было одним из критериев отбора при найме персонала, оценке его работы и продвижении по службе руководителей (см. пункт 5.2 публикации GSR Part 2 [3]);

l) необходимость знания и понимания нормативных требований, представления предложений по обеспечению соблюдения этих требований и их своевременного выполнения (см. также пункт 3.7 публикации SSR-2/2 (Rev. 1) [1]);

m) необходимость создания системы официальной связи с регулирующим органом (см. пункты 3.3 и 3.7 публикации SSR-2/2 (Rev. 1) [1]);

n) необходимость наличия дополнительного персонала и технических средств для таких видов деятельности, как техническое обслуживание, обращение с топливом, контроль параметров водно-химического режима, наблюдение, инспекции и мониторинг в процессе эксплуатации, модификации установки и закупка специальных изделий (см. [4–9]);

o) необходимость учета и анализа опыта эксплуатации (в соответствии с требованием 24 публикации SSR-2/2 (Rev. 1) [1]), с тем чтобы можно было принять соответствующие меры;

p) необходимость обеспечения открытого обмена информацией внутри организации в направлении как «снизу вверх», так и «сверху вниз»;

q) необходимость наличия технических услуг и экспертных знаний (см. Требование 13 публикации GSR Part 1 (Rev. 1) [11]), в том числе для нужд аварийной готовности и реагирования;

r) необходимость обеспечения того, чтобы персонал, задействованный в проведении мониторинга и анализа показателей безопасности, обладал достаточной независимостью от влияния соображений, связанных с затратами и графиками работ, в соответствии с пунктом 4.36 публикации SSR-2/2 (Rev. 1) [1].

2.11. В документе, описывающем организационную структуру, следует указывать принципы укомплектования персоналом по категориям персонала, занятого непосредственно эксплуатацией, и вспомогательного персонала. Требуется установить четкие границы полномочий для деятельности, связанной с вопросами безопасности станции во всех ее состояниях (см. пункт 3.8 публикации SSR-2/2 (Rev. 1) [1]). Степень, в которой вспомогательные функции выполняются самостоятельно или зависят от услуг, предоставляемых организациями за пределами станции, следует отражать с помощью функциональных организационных схем, показывающих в том числе распределение кадровых ресурсов с перечислением функций и обязанностей ключевого персонала (см. также пункт 3.6 публикации SSR-2/2 (Rev. 1) [1]).

2.12. Следует обеспечивать, чтобы описания структуры эксплуатирующей организации, сферы ответственности и полномочий и линий коммуникации, а также функций, которые должны выполняться отдельными подразделениями (и отдельными лицами в этих подразделениях, если целесообразно), не допускали двусмысленного толкования и не оставляли возможности для импровизаций в любом эксплуатационном состоянии или в аварийных условиях. Следует также описать функции, которые будут выполняться внешними организациями или консультантами, а также соответствующие линии коммуникации и полномочия.

2.13. При определении структуры эксплуатирующей организации следует учитывать время реагирования при получении услуг из-за пределов площадки.

2.14. В дополнение к организационной схеме следует использовать описания должностей или эквивалентную информацию. В описаниях должностей следует четко определять полномочия, обязанности, компетенции и квалификацию для каждой должности или категории должностей в рамках организации в целом и отдельных подразделений на станции.

2.15. Следует обеспечивать, чтобы описания должностей формировали основу для определения потребностей в квалификации и обучении лиц из персонала согласно Требованию 7 публикации SSR-2/2 (Rev. 1) [1]. Дальнейшие рекомендации по набору и отбору персонала представлены в публикации SSG-75 [8].

2.16. Пункт 3.9 публикации SSR-2/2 (Rev. 1) [1] гласит:

> «Предлагаемые организационные изменения структуры и связанные с ними меры, которые могут быть важными для безопасности, заранее анализируются эксплуатирующей организацией. В тех случаях, когда этого требуют государственные регулирующие положения, предложения о таких организационных изменениях представляются регулирующему органу на утверждение».

Требуется, чтобы организационные изменения являлись частью программы модификации атомной электростанции в соответствии с пунктом 4.39 публикации SSR-2/2 (Rev. 1) [1]. Эти изменения следует контролировать во время и после внедрения, с тем чтобы убедиться, что они не наносят ущерба безопасности.

2.17. В случае значительных организационных изменений следует составить план внедрения с целью тщательного изучения их влияния на безопасность, с тем чтобы гарантировать, что любые изменения в организационной структуре будут должным образом рассмотрены с точки зрения безопасности до их внедрения (см. пункт 4.40 публикации SSR-2/2 (Rev. 1) [1]). В случае таких изменений может также потребоваться независимое внутреннее рассмотрение. Дальнейшие рекомендации в отношении организационных изменений изложены в публикации SSG-71 [5].

2.18. При наличии в государстве нескольких эксплуатирующих организаций требуется, чтобы эти эксплуатирующие организации создали механизмы эффективного обмена опытом эксплуатации (см. пункт 5.27 публикации SSR-2/2 (Rev. 1) [1]).

2.19. При разработке своей организационной структуры эксплуатирующей организации следует учитывать характер (например, центральный, федеральный, региональный статус) национальной государственной, правовой базы и нормативной базы регулирования.

3. ФУНКЦИИ И ОБЯЗАННОСТИ ЭКСПЛУАТИРУЮЩЕЙ ОРГАНИЗАЦИИ АТОМНОЙ ЭЛЕКТРОСТАНЦИИ

ФУНКЦИИ ЭКСПЛУАТИРУЮЩЕЙ ОРГАНИЗАЦИИ

3.1. При создании структуры эксплуатирующей организации следует учитывать функции системы менеджмента, которая должна включать деятельность в следующих областях (см. пункт 3.2 публикации SSR-2/2 (Rev. 1) [1]):

a) функции по разработке политики во всех областях безопасности;
b) распределение обязанностей с указанием соответствующих полномочий и каналов связи;
c) функции эксплуатации;
d) деятельность по оказанию поддержки;
e) деятельность по рассмотрению;
f) целостность проекта.

ОБЯЗАННОСТИ ЭКСПЛУАТИРУЮЩЕЙ ОРГАНИЗАЦИИ

3.2. На эксплуатирующую организацию возложены следующие основные обязанности:

a) обеспечение безопасной эксплуатации станции путем внедрения интегрированной системы менеджмента, создания надлежащей организационной структуры, а также распределения ответственности и делегирования полномочий внутри организации в соответствии с Требованиями 1–4 публикации SSR-2/2 (Rev. 1) [1];

b) разработка политики обеспечения безопасности, осуществление различных направлений эксплуатационной политики, а также разработка и применение норм соблюдения безопасности в соответствии с Требованием 5 публикации SSR-2/2 (Rev. 1) [1];

c) разработка и осуществление политики в области охраны здоровья персонала, в которой рассматриваются вопросы пригодности сотрудников к выполнению служебных обязанностей и такие аспекты, как злоупотребление алкоголем и наркотиками, в соответствии с пунктом 3.13 публикации SSR-2/2 (Rev. 1) [1]. Эту политику следует применять в отношении всех работников станции и представителей подрядных организаций, а также, по мере возможности, в отношении посетителей;

d) установление связи с регулирующим органом и другими компетентными органами в целях рассмотрения, понимания и обеспечения соблюдения нормативных требований (см. пункт 3.7 публикации SSR-2/2 (Rev. 1) [1]);

e) поддержание связи с проектными, строительными, пусконаладочными, производственными и другими организациями, имеющими отношение к атомной электростанции (станциям), с целью обеспечения надлежащей передачи и понимания проектных основ, требований, допущений и намерений станции, а также информации и опыта эксплуатации в соответствии с пунктом 5.32 публикации SSR-2/2 (Rev. 1) [1];

f) предоставление ресурсов и оказание поддержки руководству станции в соответствии с пунктом 3.8 публикации SSR-2/2 (Rev. 1) [1];

g) взаимодействие с заинтересованными сторонами в соответствии с Требованием 5 публикации GSR Part 2 [3];

h) обеспечение сбора, оценки, внедрения и распространения опыта эксплуатации в соответствии с требованием 24 публикации SSR-2/2 (Rev. 1) [1];

i) обеспечение того, чтобы соображения безопасности учитывались при принятии решений и чтобы любые принимаемые решения не наносили ущерба безопасности, в соответствии с пунктом 4.9 (d) публикации GSR Part 2 [3];

j) установление и распределение обязанностей по программе управления авариями в соответствии с Требованием 19 публикации SSR-2/2 (Rev. 1) [1];

k) установление и распределение обязанностей по плану противоаварийных мероприятий в соответствии с Требованием 18 публикации SSR-2/2 (Rev. 1) [1] и обеспечение надлежащего уровня аварийной готовности и реагирования в соответствии с требованиями публикации GSR Part 7 [14].

3.3. С момента принятия на себя эксплуатирующей организацией управления атомной электростанцией она полностью отвечает за обеспечение безопасности на этой станции. Пункт 3.1 публикации SSR-2/2 (Rev. 1) [1] гласит:

> «Основная ответственность за обеспечение безопасности возлагается на организацию, эксплуатирующую АЭС. Эта основная ответственность распространяется на все виды деятельности, прямо и косвенно связанные с эксплуатацией. Сюда входит ответственность за надзор за деятельностью всех других соответствующих групп специалистов, таких как разработчики проекта, поставщики, изготовители и строители, работодатели и подрядчики, а также ответственность за эксплуатацию АЭС самой эксплуатирующей организацией».

3.4. Пункт 3.8 публикации SSR-2/2 (Rev. 1) [1] гласит: «Полномочия по безопасной эксплуатации станции могут быть делегированы административному руководству станции. В этом случае предоставляются необходимые ресурсы и поддержка». В рамках эксплуатирующей организации делегируемые полномочия следует четко определять в системе менеджмента.

3.5. Как указано в пункте 3.2 (b), требуется, чтобы эксплуатирующая организация установила нормы соблюдения безопасности, и ей следует эффективно распространять эти нормы в рамках всей организации. На всех уровнях административного управления следует способствовать продвижению этих норм эффективности и ожидать их последовательного соблюдения.

3.6. Эксплуатирующая организация несет ответственность за предоставление оборудования, персонала, процедур, программ обучения и менеджмента, необходимых для безопасной эксплуатации станции, включая создание такой производственной атмосферы, в которой отдельные лица принимают на себя персональную ответственность за безопасность (см. пункт 5.2 публикации GSR Part 2 [3]).

ОБЯЗАННОСТИ АДМИНИСТРАТИВНОГО РУКОВОДСТВА СТАНЦИИ

3.7. В обязанности административного руководства станции входят реализация политики обеспечения безопасности эксплуатирующей организации, формирование и устойчивое поддержание высокой культуры безопасности, а также контроль и проверка всех видов деятельности, связанной с безопасностью. Следует предусматривать ответственность линейных руководителей за безопасность всех операций, находящихся под их контролем.

3.8. Требование 9 публикации GSR Part 2 [3] гласит: «**Руководство высшего звена должно определять потребности в компетенциях и ресурсах для безопасного осуществления деятельности организации и обеспечивать их наличие**».

3.9. Самым старшим должностным лицом эксплуатирующей организации на площадке является директор станции (иногда эта должность называется «главный инженер»). Директор станции является представителем эксплуатирующей организации на площадке и несет общую ответственность за безопасную и надежную повседневную эксплуатацию станции. Директор станции может, в зависимости от структуры эксплуатирующей организации, также быть ответственным за общую координацию функций технической поддержки, выполняемой персоналом, находящимся на площадке, или персоналом подразделений, находящихся вне площадки, или внешних организаций. Поэтому директор станции также несет ответственность за квалификацию (включая достаточную начальную подготовку и переподготовку) эксплуатационного персонала.

3.10. Руководство высшего звена отвечает за надзор за реализацией направлений эксплуатационной политики эксплуатирующей организации (см. Требование 4 публикации GSR Part 2 [3]), а также за соблюдение нормативных требований. От директора станции требуется обеспечивать осуществление надлежащего взаимодействия с заинтересованными сторонами (см. Требование 5 публикации GSR Part 2 [3]), и ему следует принимать участие в деятельности по информированию общественности и поддержанию связи с местными органами власти.

3.11. Руководство высшего звена несет ответственность за обеспечение того, чтобы поставщики услуг отвечали ожиданиям эксплуатирующей организации, включая соблюдение применимых требований безопасности в соответствии с пунктом 4.36 публикации GSR Part 2 [3]. Если услуги предоставляются вне прямого контроля директора станции, то следует четко определить обязанности эксплуатирующей организации и поставщика услуг.

3.12. Руководству высшего звена следует осознавать и поддерживать необходимость развития лидерских, управленческих и технических навыков всех лиц из персонала, принимающих участие в деятельности по эксплуатации станции, в той степени, которая необходима для выполнения поставленных перед ними задач. Такую поддержку следует подкреплять его собственными действиями и демонстрацией им соответствующего стиля работы, а также выделением ресурсов, в том числе достаточного финансирования, для программ развития лидерских, управленческих и технических навыков.

3.13. Руководителям следует регулярно проводить обходы станции с целью оценки и обсуждения хода работ и соответствия ожиданиям и целям руководства.

3.14. Административному руководству станции следует обеспечивать, чтобы персонал был осведомлен о своих обязанностях по обеспечению безопасности и принимал их, а также понимал, как эти обязанности соотносятся с обязанностями других сотрудников организации.

ЦЕЛИ И ЗАДАЧИ

3.15. Поскольку эксплуатирующая организация несет общую ответственность за безопасную эксплуатацию своей атомной электростанции (станций), к задачам ее руководства в отношении каждой станции следует отнести обеспечение того, чтобы:

a) одобренный проект станции позволял эксплуатировать ее безопасным образом;
b) станция поддерживалась в безопасном состоянии на протяжении всего срока службы;
c) проводились испытания станции для демонстрации того, что проектные требования выполнены и что станция может эксплуатироваться в соответствии с эксплуатационными пределами и условиями, проектными допущениями и намерениями;

d) эксплуатация и техническое обслуживание станции производились в соответствии с эксплуатационными пределами и условиями, разрешенными эксплуатационными процедурами и проектными основами, требованиями, допущениями и намерениями, силами компетентного персонала достаточной численности, который в достаточной степени подготовлен к тому, чтобы справляться с нештатными ситуациями, включая аварийные условия;
e) как при нормальной эксплуатации, так и при реагировании на любые ожидаемые при эксплуатации события, проектные аварии и запроектные условия своевременно и в достаточном объеме имелись в наличии технические средства, службы и договоренности;
f) были предусмотрены достаточные меры для защиты работников, населения и окружающей среды во всех состояниях станции.

3.16. Требование 4 публикации GSR Part 2 [3] гласит: «**Руководство высшего звена должно устанавливать цели, стратегии, планы и задачи организации, соответствующие политике организации в области обеспечения безопасности**». Следует обеспечивать, чтобы такие цели и задачи поддерживали и дополняли общие цели эксплуатирующей организации, были сопоставимыми с ожиданиями руководства и охватывали ключевые аспекты работы станции, включая те, которые были определены как требующие улучшения. В поддержку целей и задач, поставленных в отношении станции, следует устанавливать соответствующие цели и задачи на уровне структурных подразделений. Следует обеспечивать согласованность целей и задач, стоящих перед каждым структурным подразделением, так чтобы они были совместимыми, взаимно поддерживающими и отражающими приоритеты руководства станции.

3.17. Следует обеспечивать, чтобы цели и задачи были сформулированы в терминах, допускающих количественную оценку прогресса и четкую фиксацию их достижения/выполнения. Следует обеспечивать, чтобы такие цели и задачи были амбициозными, но при этом реалистичными, были ориентированы на конкретные улучшения производственной деятельности и их число было ограниченным, так чтобы предупреждалось рассредоточение усилий с ключевых направлений работы станции. Следует обеспечивать доведение их до сведения персонала, понимание и поддержку во всех подразделениях эксплуатирующей организации, которые отвечают за их достижение/выполнение.

3.18. Пункт 4.5 публикации GSR Part 2 [3] гласит: «Руководство высшего звена должно обеспечивать, чтобы цели, стратегии и планы периодически рассматривались на предмет соответствия задачам обеспечения безопасности и чтобы принимались меры в случае, когда это необходимо, для устранения любых отклонений». Следует проводить официальные рассмотрения хода работ, а их результаты периодически доводить до сведения персонала эксплуатирующей организации.

3.19. Следует обеспечивать, чтобы лица из персонала отчитывались за достижение целей и выполнение возложенных на них задач и чтобы действия этих лиц, направленные на достижение целей и выполнение задач, должным образом отмечались руководством.

4. ВЗАИМОДЕЙСТВИЕ С ВНЕШНИМИ ОРГАНИЗАЦИЯМИ

ВЗАИМОДЕЙСТВИЕ С РЕГУЛИРУЮЩИМ ОРГАНОМ

4.1. Надзор за безопасностью эксплуатации атомной электростанции осуществляется регулирующим органом, независимым от эксплуатирующей организации. Для достижения их общей цели — безопасной эксплуатации станции — требуется способствовать взаимопониманию и взаимному уважению между регулирующим органом и эксплуатирующей организацией посредством установления откровенных, открытых и в то же время официальных отношений (см. пункт 4.24 публикации GSR Part 1 (Rev. 1) [11]).

4.2. Пункт 3.7 публикации SSR-2/2 (Rev. 1) [1] гласит:

> «Эксплуатирующая организация в соответствии с нормативными требованиями представляет на рассмотрение или предоставляет в распоряжение регулирующего органа все необходимые документы и информацию. Эксплуатирующая организация разрабатывает и применяет процедуру представления регулирующему органу сообщений о событиях в соответствии с установленными критериями и регулирующими положениями государства. Эксплуатирующая организация предоставляет регулирующему органу всю необходимую помощь, с тем чтобы он имел возможность

выполнять свои обязанности, включая предоставление возможности беспрепятственного доступа к станции и предоставление документации».

Необходимо будет обеспечить, чтобы процедура информирования о событиях отвечала критериям отчетности и требованиям к временны́м рамкам и процессам предоставления отчетов, установленным регулирующим органом. Если запрашиваемый доступ к установке может оказать негативное воздействие на безопасность, эксплуатирующей организации следует заблаговременно проинформировать об этом регулирующий орган.

ВЗАИМОДЕЙСТВИЕ С ВНЕШНИМИ ОРГАНИЗАЦИЯМИ ПОДДЕРЖКИ

4.3. Персонал внешних организаций поддержки, в том числе подрядных организаций, может привлекаться для выполнения задач специального или вре́менного характера, которые нецелесообразно поручать штатным работникам станции. Следует четко определять и обеспечивать понимание ролей и обязанностей внешних организаций поддержки (таких как сторонние ремонтные организации, поставщики основного оборудования станции, исследовательские институты и организации технической поддержки). Ниже приведены примеры областей, в которых необходимо тесное сотрудничество между внешними организациями поддержки и эксплуатирующей организацией:

a) подготовка эксплуатационного персонала (см. публикацию SSG-75 [8]);
b) ввод станции в эксплуатацию (см. требование 25 публикации SSR-2/2 (Rev. 1) [1]);
c) техническое обслуживание и инспекции в процессе эксплуатации (см. публикацию SSG-74 [7]);
d) техническая поддержка в процессе эксплуатации станции (см. пункт 5.32 публикации SSR-2/2 (Rev. 1) [1]);
e) подготовка эксплуатационных процедур и аварийных эксплуатационных процедур (см. публикацию SSG-70 [4]).

4.4. Если внешние организации поддержки играют значительную роль в эксплуатации станции, то необходимо, чтобы их деятельность была охвачена системой менеджмента и политикой эксплуатирующей организации в области безопасности. Пункт 4.3 публикации SSR-2/2 (Rev. 1) [1] гласит:

> «Информация о ключевых аспектах политики в области безопасности доводится до сведения внешних организаций поддержки, включая подрядчиков, с тем чтобы были понятны и выполнялись требования и ожидания эксплуатирующей организации в отношении связанной с безопасностью деятельности организаций внешней поддержки, включая подрядчиков».

4.5. Пункт 3.6 публикации SSR-2/2 (Rev. 1) [1] гласит:

> «Ответственность за деятельность организаций внешней поддержки и за общий контроль и надзор за ними возлагается на эксплуатирующую организацию. В эксплуатирующей организации создается программа надзора за работами, выполняемыми организациями поддержки. Эксплуатирующая организация обеспечивает наличие у персонала организаций внешней поддержки, выполняющих работы на важных для безопасности конструкциях, системах или элементах или осуществляющих деятельность, влияющую на безопасность, квалификации, обеспечивающей выполнение предписанных ему задач. Вся подлежащая выполнению по контракту деятельность четко оговаривается в письменной форме и утверждается эксплуатирующей организацией до начала ее выполнения».

Прежде чем работники подрядной организации приступят к выполнению назначенных им работ, следует получить документальное подтверждение того, что они обладают необходимой квалификацией.

4.6. Эксплуатирующей организации следует располагать персоналом достаточной численности с уровнями знаний, подготовки и опыта, необходимыми для надзора и оценки работы персонала подрядных организаций. Следует четко определять персонал эксплуатирующей организации, осуществляющий надзор за подрядчиками или другим временным вспомогательным персоналом.

4.7. Следует обеспечивать, чтобы внешний по отношению к эксплуатирующей организации персонал, предоставляющий услуги или консультации, хотя он и может нести личную или профессиональную ответственность за качество предоставляемых услуг или консультаций, не имел прямых полномочий, превышающих полномочия персонала станции, если только таковые не предоставлены ему специально. Следует обеспечивать, чтобы соответствующие руководители станции всегда несли ответственность за те решения, которые были приняты ими после тщательного рассмотрения любых предоставленных рекомендаций специалистов.

4.8. Эксплуатирующая организация может иметь широкий диапазон договорных соглашений с поставщиками, от отдельных закупок до контрактов «под ключ», и при этом ей следует обеспечивать назначение достаточного числа знающих лиц из персонала для управления этими процессами (см. также Требование 11 публикации GSR Part 2 [3]).

4.9. При выполнении контрактов «под ключ» поставщик играет более заметную роль в строительстве и испытаниях станции. Однако пункт 4.34 публикации GSR Part 2 [3] гласит: «В организации должна сохраняться компетенция для определения объема и стандарта для требуемой продукции или услуги и для оценки впоследствии соответствия поставляемой продукции или услуги установленным требованиям безопасности».

ВЗАИМОДЕЙСТВИЕ С ОБЩЕСТВЕННОСТЬЮ

4.10. Пункт 4.1 публикации SSR-2/2 (Rev. 1) [1] гласит: «В политике эксплуатации, установленной и осуществляемой эксплуатирующей организацией, безопасность наделяется самым высоким приоритетом, ставящим ее выше производственных требований и проектных графиков». Эксплуатирующей организации следует заявить об этом в своем опубликованном заявлении о политике.

4.11. От эксплуатирующей организации требуется обеспечить, чтобы заинтересованные стороны, такие как местное население, были информированы о радиационных рисках, связанных со станцией, и чтобы осуществлялось распространение любой необходимой информации, касающейся безопасности (см. пункт 4.7 публикации GSR Part 2 [3]).

4.12. Эксплуатирующей организации следует регулярно и своевременно предоставлять общественности информацию о состоянии станции. Следует информировать общественность о любом значительном событии по Международной шкале ядерных и радиологических событий (INES) [15] и о любых корректирующих мерах, предпринятых на станции.

4.13. Требуется предоставление общественности четкой, объективной и понятной информации в ходе ядерной или радиологической аварийной ситуации и по ее окончании, согласно Требованию 10 публикации GSR Part 7 [14].

5. ЛИДЕРСТВО И МЕНЕДЖМЕНТ ДЛЯ ОБЕСПЕЧЕНИЯ БЕЗОПАСНОСТИ

ПРИВЕРЖЕННОСТЬ РУКОВОДСТВА ОБЕСПЕЧЕНИЮ БЕЗОПАСНОСТИ

5.1. Требование 2 публикации GSR Part 2 [3] гласит: «**Руководители должны демонстрировать лидерство для обеспечения безопасности и приверженность обеспечению безопасности**».

5.2. Отправной точкой лидерства и менеджмента для обеспечения безопасности является вовлеченность высшего руководства эксплуатирующей организации. Необходимо, чтобы лидерство в вопросах обеспечения безопасности исходило с самых верхних уровней управления (см. Требования 1–5 публикации GSR Part 2 [3]).

5.3. Следует обеспечивать, чтобы ценности, ожидания и позиции руководителей отвечали самым высоким стандартам и пронизывали структуру эксплуатирующей организации на каждом уровне, распространяясь также на внешние организации поддержки, выполняющие делегированные им задачи, таким образом, чтобы было гарантировано отсутствие самоуспокоенности в вопросах обеспечения безопасности.

5.4. От руководителей требуется обеспечивать, чтобы их действия способствовали развитию у сотрудников критической позиции и стремления к самообучению по вопросам безопасности (см. пункт 3.2 (c) публикации GSR Part 2 [3]), и им следует поощрять открытый обмен информацией внутри организации в направлении как снизу вверх, так и сверху вниз.

ПОЛИТИКА В ОБЛАСТИ БЕЗОПАСНОСТИ

5.5. В соответствии с Требованием 5 публикации SSR-2/2 (Rev. 1) [1], требуется, чтобы эксплуатирующая организация разработала и внедрила политику в области безопасности. Требуется, чтобы безопасности станции в такой политике был отдан высший приоритет, доминирующий над интересами производства и соблюдением графиков работ.

5.6. Пункт 4.1 публикации SSR-2/2 (Rev. 1) [1] гласит:

> «Политика в области безопасности содействует развитию высокой культуры безопасности, в том числе критической позиции и приверженности наивысшему качеству работы при выполнении всей деятельности, важной для безопасности. Руководители способствуют формированию у персонала станции позиции, основанной на сознательном отношении к безопасности».

Политику в области безопасности следует оформить документально и представить регулирующему органу и общественности или сделать ее доступной для них.

5.7. Политику в области безопасности следует основывать на поддержании в процессе эксплуатации станции надлежащей глубокоэшелонированной защиты. Следует поддерживать независимость каждого уровня глубокоэшелонированной защиты и надлежащую надежность каждого уровня. Дальнейшие рекомендации изложены в разделе 2 публикации SSG-76 [9].

5.8. Для того чтобы политика в области безопасности была эффективной, необходимы ее одобрение и активная поддержка со стороны старшего административного руководства. Пункт 4.2 публикации SSR-2/2 (Rev. 1) [1] гласит:

> «Старшие руководящие работники информируют всю организацию о положениях политики в области безопасности. Для всех видов эксплуатационной деятельности разрабатываются нормы соблюдения безопасности, применяемые всем персоналом площадки. Весь персонал организации должен быть осведомлен о политике обеспечения безопасности и о своих обязанностях по обеспечению безопасности. Нормы соблюдения безопасности и ожидания административного руководства в отношении выполнения этих норм безопасности четко

доводятся до сведения всего персонала, и обеспечивается их понимание всеми лицами, участвующими в их выполнении».

Эксплуатирующей организации следует принять или разработать нормы соблюдения безопасности, четко определяющие требования к реализации политики в области безопасности в различных областях деятельности, таких как эксплуатация, техническое обслуживание, техническая поддержка, подготовка и аттестация персонала.

5.9. От эксплуатирующей организации требуется обеспечить наличие достаточных ресурсов для реализации политики в области обеспечения безопасности (см. Требование 9 публикации GSR Part 2 [3]). Это включает в себя необходимое оборудование и инструменты на станции, а также достаточное количество компетентного персонала (при необходимости дополняемого консультантами или подрядчиками, включая поставщиков оборудования). Следует выделять достаточные ресурсы на обеспечение того, чтобы деятельность, связанная с реализацией политики в области безопасности, могла выполняться безопасным образом, без необоснованных физических и психологических нагрузок на исполнителей.

ОСУЩЕСТВЛЕНИЕ ДЕЯТЕЛЬНОСТИ, СВЯЗАННОЙ С БЕЗОПАСНОСТЬЮ

5.10. Требование 8 публикации SSR-2/2 (Rev. 1) [1] гласит:

> «**С целью сохранения на разумно достижимом низком уровне рисков, связанных с вредным воздействием ионизирующих излучений, эксплуатирующая организация обеспечивает надлежащий анализ и контроль связанных с безопасностью видов деятельности**».

5.11. Деятельность, связанную с безопасностью, следует надлежащим образом планировать, с тем чтобы обеспечить ее безопасное и эффективное выполнение. Требуется проводить надлежащие и достаточные оценки безопасности в отношении потенциальных рисков, возникающих в связи с выполнением такой деятельности (см. пункт 4.25 публикации SSR-2/2 (Rev. 1) [1]). Характер оценки безопасности будет зависеть от значимости предлагаемой деятельности с точки зрения безопасности, и оценка может быть качественной или количественной. Цель оценки безопасности заключается в определении приемлемости предлагаемой деятельности и соответствующих мер контроля, которые необходимы для обеспечения оптимизации защиты и безопасности. Результаты оценки безопасности следует включать в регламенты работ или документацию по контролю, касающуюся данной деятельности, например, в документацию системы выдачи разрешений на проведение работ.

5.12. Следует ввести в действие соответствующие организационные меры, обеспечивающие достаточный контроль за деятельностью, связанной с безопасностью. Требуемый уровень контроля зависит от значимости задачи с точки зрения безопасности (см. пункт 4.25 публикации SSR-2/2 (Rev. 1) [1]). К выполнению работ, имеющих высокий уровень важности для безопасности, следует привлекать лиц, имеющих специальные официальные разрешения (см. пункт 4.16 публикации SSR-2/2 (Rev. 1) [1]), например оператора реактора. Кроме того, официальные разрешения на производство некоторых работ, таких как испытания и эксперименты, следует оформлять заблаговременно и при этом следует задействовать конкретное рассмотрение безопасности, специальную процедуру и систему выдачи разрешений на проведение работ. Другие меры контроля, которые могут быть применены, включают использование точек приостановки работ и этапов проверки при выполнении сложных задач, а также контроль узлов, находящихся на хранении, и испытательного оборудования.

5.13. Все связанные с безопасностью работы требуется выполнять в соответствии с письменными процедурами (см. пункт 4.26 публикации SSR-2/2 (Rev. 1) [1]). В таких процедурах следует описывать то, каким образом данная работа может быть выполнена безопасно, и в необходимых случаях определять шаги, которые следует предпринимать в случае возникновения нештатной ситуации. Процедуры требуется выпускать в контролируемых условиях (см. пункт 7.4 публикации SSR-2/2 (Rev. 1) [1]), в соответствии с системой менеджмента. Дальнейшие рекомендации по эксплуатационным процедурам изложены в публикации SSG-70 [4].

МОДИФИКАЦИИ СТАНЦИИ

5.14. Любые предлагаемые модификации станции, включая организационные изменения, требуется тщательно планировать (см. Требование 11 публикации SSR-2/2 (Rev. 1) [1]). Требуется, чтобы эксплуатирующая организация разработала программу для обеспечения характеризации модификаций на основе их значимости для безопасности (см. пункт 4.39 публикации SSR-2/2 (Rev. 1) [1]). Следует обеспечивать, чтобы эта программа гарантировала соблюдение эксплуатационных пределов и условий, а также соблюдение применимых кодексов и норм. Дальнейшие рекомендации по управлению модификациями станции изложены в публикации SSG-71 [5].

ВОССТАНОВЛЕНИЕ ПОСЛЕ НЕШТАТНЫХ СИТУАЦИЙ

5.15. Следует предусмотреть введение мер для управления ситуациями, выходящими за рамки нормальных условий эксплуатации, например, аномальных результатов инспекций или специальных испытаний. Следует обеспечивать, чтобы эти меры гарантировали поддержание надлежащего контроля и уделение должного внимания безопасности. Дальнейшие рекомендации по восстановлению после нештатных ситуаций изложены в публикации SSG-76 [9].

5.16. Требования в отношении готовности и реагирования в случае ядерной или радиологической аварийной ситуации перечислены в публикации GSR Part 7 [14].

МОНИТОРИНГ, РАССМОТРЕНИЕ И ПОСТОЯННОЕ УЛУЧШЕНИЕ ПОКАЗАТЕЛЕЙ БЕЗОПАСНОСТИ

5.17. Требование 9 публикации SSR-2/2 (Rev. 1) [1] гласит: «**Эксплуатирующая организация создает систему непрерывного контроля и периодического рассмотрения безопасности станции и показателей работы эксплуатирующей организации**». Высшему руководству следует создавать рабочую среду, способствующую постоянному совершенствованию деятельности. Всему персоналу эксплуатирующей организации следует проявлять приверженность системе постоянного мониторинга и периодического рассмотрения безопасности и быть вовлеченным в ее работу. Информация об инструментах постоянного совершенствования представлена в приложении.

5.18. Пункт 4.34 публикации SSR-2/2 (Rev. 1) [1] гласит:

> «Неотъемлемой частью системы контроля и рассмотрения является самооценка, проводимая эксплуатирующей организацией. Эксплуатирующая организация проводит систематические

самооценки с целью выявления достижений и борьбы с любым ухудшением показателей безопасности».

Дальнейшие рекомендации по измерению, оценке и совершенствованию представлены в разделе 6 публикации GS-G-3.5 [12].

5.19. Самооценка — это важный механизм рассмотрения, который эксплуатирующая организация может использовать в целях повышения безопасности при эксплуатации атомной электростанции. Следует обеспечивать, чтобы самооценка была структурированной, объективной и наглядной процедурой (или набором процедур), с помощью которой (которого) отдельные лица, группы и руководители эксплуатирующей организации оценивают эффективность эксплуатационной безопасности в своей организации в сравнении с заранее установленными целевыми показателями, целями и другого рода ожиданиями, связанными с производственной деятельностью. Процесс самооценки следует считать завершенным только после того, как были выполнены все корректирующие меры и подтверждена их адекватность.

5.20. Следует разработать долгосрочный план систематизированных самооценок с расставленными приоритетами. Как минимум, самооценки следует проводить в отношении программ и видов деятельности, которые влияют на безопасность (в том числе на нерадиационные виды безопасности), надежность станции и соблюдение нормативных требований.

5.21. Пункт 4.34 публикации SSR-2/2 (Rev. 1) [1] гласит: «В тех случаях, когда это целесообразно с практической точки зрения, разрабатываются и используются соответствующие объективные оценочные показатели, позволяющие старшим руководителям выявлять недостатки и ухудшение управления безопасностью и реагировать на них».

5.22. Для эффективного и объективного мониторинга безопасности следует использовать актуальные и поддающиеся измерению оценочные показатели безопасности. Поскольку никакой отдельно взятый оценочный показатель не является полнозначной мерой безопасности атомной станции, следует разработать и использовать набор показателей, способных дать представительную картину общего состояния показателей безопасности станции и любых тенденций их изменения во времени.

5.23. Пункт 4.33 публикации SSR-2/2 (Rev. 1) [1] гласит:

> «Эксплуатирующая организация создает надлежащую систему проверки и рассмотрения с целью обеспечения эффективного осуществления политики эксплуатирующей организации в области безопасности и извлечения уроков из ее собственного опыта и из опыта других, имея в виду улучшение показателей безопасности».

5.24. Эксплуатирующей организации следует разработать и эффективно использовать независимый надзор. Цель независимого надзора заключается в проверке того, что энергопредприятие располагает всеми возможностями для выполнения работ таким образом, при котором обеспечивается достижение целей безопасности с помощью соответствующего персонала, процессов, деятельности, мер и мониторинга. Следует обеспечивать достаточную независимость персонала службы независимого надзора от структуры прямого подчинения в организации, так чтобы он имел возможность осуществлять объективный надзор без препятствий, связанных с отношениями вертикальной подчиненности. При независимом надзоре за безопасностью следует уделять особое внимание проверке того, что руководство станции приняло меры в связи с изменениями в национальном регулировании и международных нормах безопасности, в связи с опытом эксплуатации, новыми методами практики эксплуатации и технологиями, и осуществило, по мере необходимости, модификации станции. Следует обеспечивать, чтобы служба независимого надзора за безопасностью напрямую подчинялась старшему административному руководству эксплуатирующей организации. Дальнейшие руководящие материалы по независимому надзору изложены 16].

5.25. Старшему административному руководству следует предоставлять необходимые ресурсы в поддержку осуществления функции независимого надзора за безопасностью и при этом следует четко определять и документально фиксировать роли, обязанности и ожидания. Следует периодически оценивать эффективность независимого надзора за безопасностью.

5.26. В поддержку деятельности по независимому надзору за безопасностью следует использовать экспертные возможности как внутри, так и вне эксплуатирующей организации, при этом следует обеспечивать, чтобы эксперты обладали необходимым опытом, подготовкой, навыками и авторитетом для осуществления надзорной деятельности.

5.27. Эксплуатирующей организации следует учредить на станции (а также на корпоративном уровне, где это применимо) комитет по безопасности. Обязанности, полномочия и порядок подчинения комитета по безопасности следует документально оформить. Следует привлекать к работе в комитете по безопасности экспертов извне эксплуатирующей организации, обладающих большим опытом в области эксплуатации атомных электростанций.

5.28. В сферу мониторинга показателей безопасности требуется включать постоянный контроль работы лиц из персонала и их отношения к вопросам безопасности (см. пункт 4.35 публикации SSR-2/2 (Rev. 1) [1]). Руководству станции следует осуществлять мониторинг работы лиц из персонала и стиля их работы при выполнении конкретных рабочих заданий или при обучении их выполнению. В ходе этих наблюдений следует обращать внимание на соответствие ожиданиям руководства (см. пункт 3.13), с тем чтобы убедиться в том, что достигается высокий уровень безопасности. Важнейшими элементами наблюдений руководства являются наставничество и получение обратной информации. Следует использовать эти элементы для закрепления позитивного стиля работы и выявления недостатков при выполнении работ, а также возможностей для совершенствования и развития. При установлении частоты и сферы охвата наблюдений руководства следует исходить из важности оборудования и деятельности для надежной и безопасной эксплуатации станции и масштабов любых выявленных проблем.

5.29. Для выявления решений конкретных проблем, недостатков в работе (например, в отношении работы персонала, системы менеджмента или ведения операций) или наилучшей практики в конкретной области следует использовать методы бенчмаркинга. Следует внедрить систему официального мониторинга выполнения мер, принимаемых по результатам такой деятельности по бенчмаркингу.

5.30. Руководству станции следует проводить регулярные рассмотрения эффективности работы. В такого рода рассмотрения следует включать рассмотрение и анализ широкого спектра информации и данных, в том числе следующего:

a) информации о корректирующих мерах;
b) результатов самооценки и бенчмаркинга;
c) данных наблюдений, поступивших от руководителей, эксплуатационного персонала и внешних организаций;
d) данных мониторинга оценочных показателей безопасности;

e) данных от внутренних систем отчетности (например, о проблемах с тренажерами, случаях радиоактивного заражения персонала);
f) отчетов в рамках независимого надзора за безопасностью;
g) отчетов по результатам других внешних рассмотрений.

5.31. Любые проблемные вопросы, выявленные посредством мониторинга и рассмотрения показателей безопасности, следует оценивать сообразно их значимости для безопасности и анализировать с целью определения причин. Тенденции показателей безопасности следует анализировать с целью выявления областей повышенного внимания и инициирования действий по дальнейшему анализу.

5.32. Пункт 4.37 публикации SSR-2/2 (Rev. 1) [1] гласит:

> «В результате контроля и рассмотрения показателей безопасности определяются и осуществляются соответствующие корректирующие действия. С целью обеспечить выполнение предложенных корректирующих действий в надлежащие сроки осуществляется контроль за ходом их выполнения. Завершенные корректирующие действия подвергаются рассмотрению в целях оценки того, обеспечили ли они надлежащее решение вопросов, выявленных в ходе проверок и рассмотрений».

5.33. Руководству станции следует доводить результаты мониторинга и рассмотрения показателей безопасности до сведения персонала.

6. КОММУНИКАЦИЯ И СВЯЗЬ

КОММУНИКАЦИЯ

6.1. От руководителей всех уровней в эксплуатирующей организации требуется поощрять и культивировать эффективную коммуникацию в организации (см. пункт 5.2 (c) публикации GSR Part 2 [3]). Следует обеспечивать, чтобы коммуникация по нисходящей линии способствовала пониманию политики в области безопасности и ожиданий руководителей, а коммуникация по восходящей линии способствовала тому, чтобы о проблемах сообщалось непосредственно руководству станции (см. пункт 3.2 (c) публикации GSR Part 2 [3]). Руководителям следует также поощрять «горизонтальную» коммуникацию, которая способствует эффективной координации работ и сотрудничеству.

6.2. Эксплуатирующей организации следует установить эффективную стратегию коммуникации и план коммуникации в целях разъяснения политики в области безопасности, эффективной реализации системы менеджмента и повсеместного поощрения в организации коммуникации по вопросам безопасности. Коммуникация может быть официальной или неофициальной, в зависимости от важности предоставляемой информации. Следует ввести в действие эффективную стратегию коммуникации, поощряющую коллективную работу и, в частности, коммуникацию между сменами.

6.3. Следует создать соответствующие механизмы, способствующие получению от сотрудников замечаний и предложений по вопросам безопасности. Это могут быть как официальные механизмы, такие как совещания по безопасности, так и менее официальные, например, замечания и предложения, поступающие через непосредственных руководителей. Эксплуатирующей организации следует быть открытой и восприимчивой к конструктивной критике и замечаниям и предложениям, поступающим от эксплуатационного персонала.

6.4. Следует установить хорошие связи с внешними организациями. В частности, следует обеспечить четко определенные и открытые способы коммуникации с регулирующим органом и другими соответствующими компетентными органами (см. также пункты 4.1 и 4.2). При осуществлении коммуникации с внешними организациями следует также принимать во внимание более широкую социальную среду, в которой станция осуществляет свою деятельность, в том числе необходимость поддержания конструктивного диалога с профсоюзами и другими группами, интересы которых затрагивает эксплуатация станции. Эксплуатирующей организации следует проводить информационно-просветительскую работу в целях поощрения взаимодействия с заинтересованными сторонами (см. Требование 5 публикации GSR Part 2 [3]).

6.5. Следует организовать мониторинг эффективности внутренних и внешних коммуникаций и оперативно принимать меры по устранению любых выявленных недостатков. Стратегию коммуникации и план коммуникации следует периодически пересматривать и по мере необходимости обновлять.

6.6. Коммуникацию со сторонними организациями и с общественностью в ходе ядерной или радиологической аварийной ситуации требуется включать в качестве составной части в план противоаварийных мероприятий (см. пункты 7.73–7.78).

6.7. Сотрудникам, наделенным конкретными функциями и обязанностями по коммуникации, следует пройти соответствующую подготовку и иметь возможность прямого доступа к старшему административному руководству и постоянного взаимодействия с ним.

СВЯЗЬ

6.8. Пункт 3.3 публикации SSR-2/2 (Rev. 1) [1] гласит:

> «Эксплуатирующая организация устанавливает связь с регулирующим органом и с соответствующими компетентными органами, с тем чтобы обеспечить общее понимание и соблюдение требований безопасности и их согласованность с другими требованиями, такими как требования в отношении физической безопасности, охраны здоровья или охраны окружающей среды».

6.9. Пункт 5.32 публикации SSR-2/2 (Rev. 1) [1] гласит:

> «Эксплуатирующая организация поддерживает надлежащую связь с участвующими в проектировании, строительстве, вводе в эксплуатацию и эксплуатации станции организациями поддержки (например, с изготовителями, исследовательскими организациями и проектировщиками) в целях доведения эксплуатационного опыта до их сведения и получения при необходимости рекомендаций в случае отказа оборудования или в других случаях».

6.10. Следует обеспечивать, чтобы целью этой связи было совершенствование аспектов проекта станции, относящихся к эксплуатации, операционных процедур и планирования исследовательских программ, с тем чтобы они соответствовали эксплуатационным потребностям станции.

6.11. Следует принимать меры, направленные на то, чтобы персонал эксплуатирующей организации принимал участие в рабочем процессе уже на начальной стадии работы над проектом. Следует обеспечивать, чтобы эти меры позволяли персоналу эксплуатирующей организации вносить вклад в совершенствование проекта станции путем использования данных опыта эксплуатации. Кроме того, это также способствовало бы получению этим персоналом углубленных знаний о проекте станции и всестороннего понимания эксплуатационных пределов и условий на станции. Этому персоналу следует предоставлять возможность рассмотрения следующих вопросов:

a) достаточность и резервирование систем и элементов для соблюдения эксплуатационных пределов и условий, а также других эксплуатационных требований;
b) общая компоновка станции с точки зрения удобства и эффективности эксплуатации, особенно в отношении контроля радиоактивного загрязнения и удержания доз на разумно достижимом низком уровне;
c) эргономические аспекты, особенно для обеспечения быстрой оценки условий на станции, надлежащего реагирования оператора и предотвращения непреднамеренных действий;
d) степень автоматического управления;
e) технические требования к элементам и контрольно-измерительным приборам для эксплуатационных состояний и аварийных условий;
f) положения по обращению с радиоактивными отходами и их захоронению, в том числе в послеаварийных условиях;
g) тип и количество необходимых запасных частей с учетом времени, необходимого для их закупки;
h) обеспеченность специальным инструментом для ремонта и инспекций;
i) порядок технического обслуживания, надзора и инспекций в процессе эксплуатации, включая наличие оборудования и установок и доступ к ним;
j) меры радиационной защиты, обеспечивающие оптимизацию защиты и безопасности, а также соблюдение нормативных требований;
k) оценка последствий аварийных сценариев на площадке и за ее пределами.

6.12. Эксплуатирующей организации следует организовать привлечение своего персонала, в частности эксплуатационного и ремонтного, к участию в работах на этапе строительства, с тем чтобы предоставить этим лицам возможность получения практической подготовки. Такое участие также помогает выявить любые расхождения между техническими требованиями к строительству и фактически используемыми методами и технологиями, и его также следует использовать при разработке инструкций по эксплуатации и техническому обслуживанию.

6.13. Эксплуатирующей организации следует поощрять участие эксплуатационного персонала в подготовке и проведении пусконаладочных испытаний, а также в оценке результатов этих испытаний. Такое участие позволит провести валидацию эксплуатационных процедур, как того требует пункт 6.9 публикации SSR-2/2 (Rev. 1) [1]. Участие эксплуатационного персонала следует также использовать для получения предварительного опыта эксплуатации, необходимого для передачи обязанностей от службы пусконаладки эксплуатационным группам. Такое участие может варьироваться от организации смешанных бригад (с участием персонала поставщика и эксплуатационного персонала) для проведения испытаний до полного участия эксплуатирующей организации в том или ином конкретном испытании. Детальные рекомендации по участию эксплуатационного персонала в испытаниях при вводе станции в эксплуатацию приведены в публикации Серии норм безопасности МАГАТЭ, № SSG-28 «Ввод в эксплуатацию атомных электростанций» [17].

7. УПРАВЛЕНИЕ ЭКСПЛУАТАЦИЕЙ СТАНЦИИ

ОБЩИЕ СВЕДЕНИЯ

7.1. Для выполнения функций и обязанностей, перечисленных в разделе 3, а также для осуществления эффективного контроля за ведением эксплуатации станции эксплуатирующей организации следует разработать соответствующие документально оформленные программы и процессы управления. Программы и процессы управления, согласно требованиям публикации SSR-2/2 (Rev. 1), должны охватывать следующие области эксплуатации станции:

— укомплектование персоналом[3];
— эксплуатационные пределы и условия и эксплуатационные процедуры;
— аттестация и подготовка персонала;
— выполнение работ, связанных с безопасностью (включая учет человеческих факторов);
— контроль работ;
— управление конфигурацией станции;

[3] В том числе для ситуаций, когда большое число лиц из персонала может выбыть, например, во время эпидемии или пандемии в районе проживания персонала.

— модификации станции;
— периодическая экспертиза безопасности;
— квалификационная аттестация оборудования;
— управление старением;
— контроль документации и отчетов;
— программа долгосрочной эксплуатации;
— физическая ядерная безопасность и ее взаимодействие с безопасностью;
— аварийная готовность и реагирование;
— управление авариями;
— радиационная защита;
— обращение с радиоактивными отходами;
— противопожарная безопасность;
— безопасность при работах, не связанных с источниками излучения;
— учет опыта эксплуатации;
— ввод в эксплуатацию;
— материальные условия и административно-хозяйственное содержание;
— водно-химический режим;
— управление активной зоной и обращение с топливом;
— техническое обслуживание, испытания, надзор и инспекции;
— управление остановами;
— вывод из эксплуатации.

7.2. В программах и процессах, перечисленных в пункте 7.1, следует обращать внимание как на административные, так и на технические аспекты эксплуатации станции и охватывать все связанные с этим виды деятельности. Эти программы и процессы следует вводить достаточно заблаговременно, с тем чтобы еще до их реализации дать возможность эксплуатационному персоналу провести рассмотрение и оценку соответствующих видов эксплуатационной деятельности.

7.3. Для того чтобы обеспечить выполнение программ и процессов управления должным образом и в соответствии с надлежащей практикой, эксплуатирующей организации следует организовать получение требуемой информации от проектных организаций, организаций-изготовителей и других организаций.

7.4. При разработке программ и процессов управления эксплуатацией станции следует рассмотреть:

a) цели, которые должны быть достигнуты;
b) применимые нормативные требования;

c) направления политики, которые необходимо реализовать;
d) распределение обязанностей и делегирование полномочий;
e) квалификацию задействованного персонала;
f) составление планов-графиков выполнения работ;
g) требуемые услуги и технические средства;
h) необходимую документацию и базовую информацию;
i) учет опыта эксплуатации;
j) необходимость проведения аудитов и рассмотрений;
k) необходимость своевременного решения проблем безопасности;
l) отчеты, которые должны быть подготовлены, и документацию, которую необходимо сохранять;
m) необходимые информационные потоки.

7.5. Необходимым условием реализации этих программ управления является создание всеобъемлющей системы инструкций и процедур, охватывающих все соответствующие технические и административные аспекты. Следует обеспечивать разработку такой документации силами обладающих соответствующим опытом специалистов так, чтобы она была подготовлена до начала выполнения каждой программы. Это подразумевает выполнение значительного объема работ, который необходимо учитывать в программах набора и обучения персонала. При необходимости следует привлекать экспертов в области изготовления, проектирования и строительства, а также из других соответствующих организаций.

7.6. Пункт 4.27 публикации SSR-2/2 (Rev. 1) [1] гласит:

> «Если возникает необходимость проведения необычной операции или испытания, не предусмотренных существующими рабочими регламентами, то проводится специальное рассмотрение безопасности и в соответствии с национальными или другими актуальными регулирующими положениями разрабатывается и подлежит утверждению специальный регламент».

Следует провести тщательную экспертизу таких операций и процедур (регламентов) силами соответствующего технического персонала и обеспечить ее утверждение руководством станции. Дальнейшие рекомендации в отношении контроля нестандартных видов деятельности и специальных испытаний изложены в публикации SSG-76 [9].

7.7. От эксплуатирующей организации требуется создать систему контроля документации (см. Требование 15 и пункт 7.4 публикации

SSR-2/2 (Rev. 1) [1]) в целях обеспечения того, чтобы выпуск, распространение, обновление, хранение и архивирование всех документов, относящихся к связанной с безопасностью деятельности, осуществлялись таким образом, чтобы предотвращалось использование устаревших версий либо отмененных документов.

УКОМПЛЕКТОВАНИЕ ПЕРСОНАЛОМ АТОМНОЙ ЭЛЕКТРОСТАНЦИИ

7.8. Требование 4 публикации SSR-2/2 (Rev. 1) [1] гласит: «**Для обеспечения безопасной эксплуатации станции эксплуатирующая организация укомплектовывается компетентными руководителями и достаточно квалифицированным персоналом**».

7.9. Пункт 3.11 публикации SSR-2/2 (Rev. 1) [1]) гласит: «Исходя из будущих потребностей эксплуатирующей организации в персонале и навыках, разрабатывается долгосрочный план по укомплектованию персоналом, учитывающий долгосрочные цели эксплуатирующей организации».

7.10. Программу укомплектования персоналом следует периодически пересматривать и обновлять, с тем чтобы были обеспечены ее совместимость с долгосрочными целями и поддержка этих целей. В программе укомплектования персоналом следует уделять внимание развитию профессиональных и управленческих навыков и опыта и учитывать потери персонала и его знаний вследствие выхода на пенсию и иных причин. В долгосрочном плане по укомплектованию персоналом следует предусматривать достаточное время для передачи обязанностей новому персоналу, способствуя тем самым преемственности в выполнении обязанностей.

7.11. Укомплектование персоналом станции следует основывать на функциях и обязанностях эксплуатирующей организации, как описано в разделе 3. Для определения потребностей в персонале и квалификации на разных уровнях организации следует провести детальный анализ задач и видов деятельности, которые предстоит выполнять. Результаты этого анализа следует также использовать для определения потребностей станции в наборе, обучении и переподготовке персонала (см. пункты 7.12–7.18).

7.12. При принятии мер по укомплектованию персоналом следует учитывать:

a) необходимость участия эксплуатирующей организации в рассмотрении видов деятельности до начала эксплуатации станции (т.е. на этапах проектирования, строительства и ввода в эксплуатацию);
b) необходимость своевременного установления связи с регулирующим органом и другими компетентными органами и организациями;
c) минимальную численность персонала, необходимого во всех эксплуатационных состояниях и аварийных условиях при одновременном исключении возложения чрезмерных нагрузок на отдельных сотрудников;
d) необходимость, особенно в случае удаленно расположенных станций, наличия на площадке обладающих надлежащим опытом специалистов, специального оборудования и запасных частей, достаточных для принятия мер в аварийных условиях в течении времени, необходимого для их пополнения из источников за пределами площадки;
e) требования национального законодательства в отношении условий работы;
f) ожидаемую текучесть кадров в эксплуатирующей организации;
g) долгосрочные потребности в людских ресурсах для будущих проектов;
h) политику эксплуатирующей организации в отношении технического обслуживания и других функций (например, в отношении объема технического обслуживания, выполняемого каждой сменной бригадой, степени использования услуг подрядных организаций, соотношения ремонта и замены элементов, централизованных цехов);
i) необходимость в подготовке и переподготовке персонала.

7.13. Эксплуатирующей организации следует предусматривать необходимые меры по обеспечению безопасности персонала и безопасной эксплуатации атомной электростанции в ситуациях, когда может выбыть из строя большое число работников, таких как эпидемии или пандемии на территориях проживания персонала. К таким мерам следует относить:

a) сохранение на площадке минимального числа квалифицированных лиц из персонала для обеспечения безопасной эксплуатации установки;
b) обеспечение наличия минимального количества квалифицированного резервного персонала за пределами площадки;
c) адаптацию средств коммуникации и транспортировки для персонала, организацию доставки на площадку продовольствия и воды, обеспечение на площадке спальных мест и необходимой гигиены;

d) принятие дополнительных мер по предотвращению распространения на площадке инфекции в соответствии с национальными и международными руководящими материалами (например, отмену совещаний и встреч в очном формате, адаптацию средств контроля на входе на площадку, поддержание надлежащего физического расстояния между отдельными лицами, обязательное требование ношения лицевых масок);
e) обеспечение возможности удаленной работы неосновного персонала и поддержание регулярной связи с персоналом, находящимся за пределами площадки, по телефону или с помощью видеоконференций.

7.14. Эксплуатирующей организации следует предпринимать упреждающие меры по переводу станции в стабильное состояние, если считается, что существует вероятность того, что численность имеющегося персонала будет недостаточной для обеспечения безопасности станции в случае возникновения ожидаемых при эксплуатации событий или аварийных условий. Эксплуатирующей организации следует разработать планы на случай таких событий и продемонстрировать эффективность этих планов.

7.15. Набор персонала следует начинать заблаговременно, с тем чтобы обеспечить разработку и надлежащее применение методов отбора, а также своевременно обеспечить готовность персонала к прохождению подготовительного обучения. Следует обеспечивать, чтобы это также предоставляло соответствующему персоналу возможность участия в работах на этапе ввода в эксплуатацию и, если это практически целесообразно, на этапе строительства. Дальнейшие рекомендации по набору и отбору персонала станции представлены в публикации SSG-75 [8].

КВАЛИФИКАЦИЯ И ПОДГОТОВКА ПЕРСОНАЛА АТОМНЫХ ЭЛЕКТРОСТАНЦИЙ

7.16. Требование 7 публикации SSR-2/2 (Rev. 1) [1] гласит: «**Эксплуатирующая организация обеспечивает, чтобы вся деятельность, которая может повлиять на безопасность, выполнялась обладающими соответствующей квалификацией и компетентными лицами**».

7.17. Пункт 4.19 публикации SSR-2/2 (Rev. 1) [1] гласит:

> «Создается и осуществляется соответствующая программа подготовки персонала до его назначения для выполнения обязанностей, связанных с безопасностью. Программа подготовки кадров предусматривает периодическую проверку компетентности персонала и повышение его квалификации на регулярной основе».

Следует обеспечивать, чтобы эта программа гарантировала оценку потребностей эксплуатирующей организации и установление квалификационных требований к каждой должностной позиции в организации.

7.18. Дополнительные рекомендации по созданию и реализации программы обучения и аттестации персонала атомных электростанций приведены в публикации SSG-75 [8].

ВВОД В ЭКСПЛУАТАЦИЮ

7.19. Требование 25 публикации SSR-2/2 (Rev. 1) [1] гласит: «**Эксплуатирующая организация обеспечивает разработку и осуществление программы ввода станции в эксплуатацию**».

7.20. Пункт 6.1 публикации SSR-2/2 (Rev. 1) [1] гласит:

> «Программа ввода станции в эксплуатацию охватывает весь диапазон условий на станции, требуемых в проекте и обосновании безопасности. Результаты используются для демонстрации того, что поведение фактически сооруженной станции находится в согласии с проектными параметрами и условиями лицензии».

7.21. Пункт 6.13 публикации SSR-2/2 (Rev. 1) [1] гласит: «Четко указываются полномочия и обязанности, которыми наделяются лица и группы, осуществляющие деятельность по вводу в эксплуатацию». Следует четко определять роли и обязанности по вводу в эксплуатацию между пусконаладочной организацией и эксплуатирующей организацией — в частности, в отношении эксплуатации станции при проведении пусконаладочных испытаний.

7.22. Дальнейшие рекомендации по разработке и реализации программы ввода в эксплуатацию представлены в публикации SSG-28 [17].

ЭКСПЛУАТАЦИОННЫЕ ПРЕДЕЛЫ И УСЛОВИЯ И ЭКСПЛУАТАЦИОННЫЕ ПРОЦЕДУРЫ

7.23. Требование 6 публикации SSR-2/2 (Rev. 1) [1] гласит: «**Эксплуатирующая организация обеспечивает эксплуатацию станции в соответствии с комплексом эксплуатационных пределов и условий**».

7.24. Требование 26 публикации SSR-2/2 (Rev. 1) [1] гласит:

> «**Разрабатываются эксплуатационные регламенты, обеспечивающие всесторонний охват (для реактора и связанных с ним установок) нормальной эксплуатации, ожидаемых при эксплуатации событий и аварийных условий в соответствии с политикой эксплуатирующей организации и требованиями регулирующего органа**».

7.25. Пункт 7.4 публикации SSR-2/2 (Rev. 1) [1] гласит:

> «Эксплуатационные регламенты и вспомогательная документация выпускаются в контролируемых условиях и утверждаются и по мере необходимости периодически рассматриваются и пересматриваются с целью обеспечения их эффективности и соответствия требованиям. Регламенты своевременно обновляются с учетом эксплуатационного опыта и фактической конфигурации станции».

При разработке эксплуатационных процедур следует учитывать вопросы вывода из эксплуатации станции, который рано или поздно произойдет.

7.26. Дальнейшие рекомендации по эксплуатационным пределам и условиям и по эксплуатационным процедурам представлены в публикации SSG-70 [4].

ЭКСПЛУАТАЦИЯ СМЕННЫМИ БРИГАДАМИ

7.27. Независимо от степени автоматизации, окончательные решения и обязанности в связи с эксплуатацией станции следует возлагать на эксплуатационный персонал. Требуется, чтобы эксплуатирующая организация создала сменные бригады для обеспечения непрерывной безопасной эксплуатации станции (см. пункт 3.12 публикации SSR-2/2 (Rev. 1) [1]). Примеры заданий, выполняемых сменными бригадами, включают следующее:

a) нормальная эксплуатация:
   i) поддержание существующего режима работы реактора;
   ii) изменение режима работы реактора;
   iii) мониторинг нахождения станционных параметров, отображаемых в блочном пункте управления, в пределах диапазона нормальных значений;
   iv) проведение обходов станции и мониторинг появления любых признаков отклонения от нормальной эксплуатации;
   v) оформление нарядов на проведение работ и подготовка условий для производства работ путем изоляции конструкций, систем или элементов или изменения их конфигураций;
   vi) закрытие нарядов на проведение работ и восстановление нормальных условий эксплуатации путем возвращения в работу конструкций, систем или элементов или восстановления их нормальных конфигураций;
   vii) ведение эксплуатационных учетных записей и подготовка отчетов в соответствии с требованиями системы управления станции;
b) ожидаемые при эксплуатации события:
   i) мониторинг состояния станции при обнаружении любых отклонений от нормальной эксплуатации и проверка того, что станция реагирует на данную ситуацию в соответствии с проектом;
   ii) принятие корректирующих мер в соответствии с эксплуатационными процедурами, если установлено, что станция не реагирует надлежащим образом;
   iii) приведение станции в безопасное состояние и обеспечение поддержания ее в этом состоянии до тех пор, пока не будет завершен комплексный анализ причин возникновения отклонения;
c) аварийные условия:
   i) осуществление, сообразно обстоятельствам, положений программы управления авариями и противоаварийного плана.

7.28. Дальнейшие рекомендации относительно сменной работы изложены в публикации SSG-76 [9].

УПРАВЛЕНИЕ ТЕХНИЧЕСКИМ ОБСЛУЖИВАНИЕМ И ОСТАНОВАМИ

7.29. Требование 31 публикации SSR-2/2 (Rev. 1) [1] гласит: «**Эксплуатирующая организация обеспечивает разработку и осуществление эффективных программ технического обслуживания, испытаний, надзора и инспекций**».

7.30. Требование 32 публикации SSR-2/2 (Rev. 1) [1] гласит: «**Эксплуатирующая организация разрабатывает и осуществляет мероприятия по обеспечению эффективного выполнения, планирования и контроля работ в периоды остановов**».

7.31. Следует предусматривать, чтобы программа технического обслуживания гарантировала, что уровни надежности и эффективности всех конструкций, систем и элементов станции, важных для безопасности, по-прежнему соответствуют актуальной документации по техническому обоснованию безопасности станции и что безопасность станции не снижается после начала эксплуатации. Результаты периодических экспертиз безопасности следует включать в программу технического обслуживания.

7.32. Пункт 8.9 публикации SSR-2/2 (Rev. 1) [1] гласит: «Создается надлежащая система контроля работ для обеспечения защиты и безопасности персонала и для защиты оборудования во время технического обслуживания, испытаний, надзора и инспекций».

7.33. Дальнейшие рекомендации по программе технического обслуживания атомных электростанций представлены в публикации SSG-74 [7].

ИНСПЕКЦИИ В ПРОЦЕССЕ ЭКСПЛУАТАЦИИ

7.34. Инспекции в процессе эксплуатации следует использовать для оценки того, находятся ли узлы, важные для безопасности, в приемлемом состоянии для продолжения безопасной эксплуатации станции или же необходимы корректирующие меры. Особое внимание следует уделять изучению важных систем и элементов системы теплоносителя первого контура реактора, ввиду того, что они имеют большое значение для безопасности, и возможной тяжести последствий отказов.

7.35. В порядке реализации риск-ориентированного подхода к проведению инспекций в процессе эксплуатации и в поддержку принятия решений можно воспользоваться результатами вероятностной оценки безопасности. Соответствующие рекомендации изложены в публикации серии норм безопасности МАГАТЭ, № SSG-3 «Разработка и применение вероятностной оценки безопасности уровня 1 для атомных электростанций» [18].

НАДЗОР

7.36. Пункт 8.2 публикации SSR-2/2 (Rev. 1) [1] гласит:

> «Эксплуатирующая организация разрабатывает программы надзора с целью обеспечения соблюдения установленных эксплуатационных пределов и условий и обнаружения и корректировки любого аномального состояния прежде, чем оно приведет к значительным последствиям для безопасности».

7.37. С помощью программ надзора следует обеспечивать, чтобы узлы, важные для безопасности, продолжали функционировать в соответствии с действующей проектной документацией. В такие программы следует включать результаты вероятностных оценок безопасности и данные опыта эксплуатации. В программы следует включать проведение оценок и рассмотрений с целью своевременного выявления деградации и старения конструкций, систем и элементов, что может приводить к возникновению небезопасных условий. В эти программы следует включать мониторинг, проверки и калибровки, а также испытания и инспекции, дополняющие инспекции в процессе эксплуатации.

7.38. Поскольку эксплуатация узлов станции начинается уже на этапе ввода станции в эксплуатацию, программы надзора следует разрабатывать заблаговременно до ввода станции в эксплуатацию, что должно обеспечивать их надлежащее внедрение и гарантировать, что безопасность станции не будет поставлена в зависимость от не подвергнутых испытаниям или мониторингу конструкций, систем и элементов. Дальнейшие рекомендации по программе надзора изложены в публикации SSG-74 [7].

АТТЕСТАЦИЯ ОБОРУДОВАНИЯ

7.39. Требование 30 публикации SSR-2/1 (Rev. 1) [1] гласит:

> «**Должна осуществляться программа аттестации (квалификации) оборудования для подтверждения того, что узлы АЭС, важные для безопасности, будут способны выполнять предписанные им функции в случае необходимости и в преобладающих условиях окружающей среды в течение всего проектного срока службы этих узлов, при этом надлежащим образом должно быть учтено состояние станции при проведении технического обслуживания и испытаний**».

7.40. Следует обеспечивать, чтобы программа аттестации оборудования охватывала все аспекты процесса аттестации и все связанные с ним виды деятельности, необходимые для установления и сохранения статуса аттестованного оборудования.

7.41. В рамках программы аттестации оборудования следует обращать внимание на все вопросы, влияющие на пригодность системы или элемента к выполнению назначенных ему функций, важных для безопасности, включая:

a) аттестацию на воздействие окружающей среды (например, аттестацию на воздействие вибрации, температуры, давления, влажности, химического воздействия, радиации, затопления, электромагнитных явлений, механизмов старения);
b) аттестацию на электромагнитное воздействие;
c) аттестацию на воздействие внутренних и внешних опасностей.

7.42. Следует периодически проводить рассмотрение программы аттестации оборудования, с тем чтобы определить, правильно ли было аттестовано оборудование станции, важное для безопасности, и поддерживается ли его аттестованный статус посредством надлежащей программы технического обслуживания, инспекций и испытаний, обеспечивающей уверенность в том, что выполнение функций безопасности будет обеспечено как минимум на период до очередного рассмотрения. Для обеспечения того, чтобы последствия аттестации оборудования должным образом учитывались при внесении изменений в деятельность по техническому обслуживанию, наблюдению или проведению инспекций в процессе эксплуатации, следует применять процедуры управления конфигурацией.

7.43. В программе аттестации оборудования следует учитывать модификации станции и оборудования, ремонты и модернизацию оборудования, отказы и замены оборудования, любые отклонения от нормальных условий эксплуатации и изменения в результатах анализа безопасности.

7.44. В поддержку проводимой аттестации установленного оборудования следует использовать информацию об опыте эксплуатации, касающуюся непредвиденных изменений в условиях работы оборудования или в его функционировании, а также данные мониторинга работы оборудования и условий его окружающей среды.

7.45. Дополнительные рекомендации по программам аттестации оборудования приведены в публикациях SSG-71 [5], SSG-74 [7] и публикации Серии норм безопасности МАГАТЭ, № SSG-69 «Equipment Qualification for Nuclear Installations» («Аттестация оборудования для ядерных установок») [19].

УПРАВЛЕНИЕ АКТИВНОЙ ЗОНОЙ И ОБРАЩЕНИЕ С ТОПЛИВОМ

7.46. Требование 30 публикации SSR-2/2 (Rev. 1) гласит: «**Эксплуатирующая организация несет ответственность за всю деятельность, связанную с управлением активной зоной и с обращением с топливом на площадке, и принимает соответствующие меры**».

7.47. В программу обращения с топливом следует включать те виды деятельности, которые способствуют оптимальной эксплуатации активной зоны реактора без нарушения пределов, установленных в рамках безопасного проектирования в отношении ядерного топлива и всей станции в целом.

7.48. Требования к изготовлению и закупкам топлива, управлению активной зоной (включая программу управления реактивностью), хранению топлива, а также обращению с ним, его перемещению и транспортировке изложены в пунктах 7.18–7.29 публикации SSR-2/2 (Rev. 1) [1].

7.49. Дальнейшие рекомендации по управлению активной зоной и обращению с топливом изложены в публикации SSG-73 [6].

ПРОГРАММА КОНТРОЛЯ ВОДНО-ХИМИЧЕСКОГО РЕЖИМА

7.50. Требование 29 публикации SSR-2/2 (Rev. 1) гласит: «**Эксплуатирующая организация разрабатывает и осуществляет программу контроля водно-химического режима, обеспечивающую поддержание необходимых химических и радиохимических условий**».

7.51. Пункт 7.13 публикации SSR-2/2 (Rev. 1) гласит:

> «Программа контроля водно-химического режима предоставляет необходимую информацию и помощь в поддержании химических и радиохимических условий, обеспечивающих безопасную эксплуатацию, долгосрочную целостность конструкций, систем и элементов и минимизацию уровней излучения».

7.52. В программу контроля водно-химического режима следует включать мониторинг, анализы, инструкции по выполнению операций, связанных с химическими процессами, и оценку результатов эксплуатации. Виды деятельности, связанные с водно-химическим режимом и радиохимией, могут включать мониторинг окружающей среды, в частности, когда работы, связанные с поддержанием водно-химического режима и с радиационной защитой, выполняются одной и той же группой сотрудников. Дальнейшие рекомендации изложены в публикации Серии норм безопасности МАГАТЭ, № SSG-13 «Программа по водно-химическому режиму для атомных электростанций с водоохлаждаемыми реакторами» [20].

ОЦЕНКА БЕЗОПАСНОСТИ И ПЕРИОДИЧЕСКАЯ ЭКСПЕРТИЗА БЕЗОПАСНОСТИ

7.53. Требование 12 публикации SSR-2/2 (Rev. 1) гласит:

> «**Эксплуатирующая организация на протяжении всего срока службы станции и в соответствии с нормативными требованиями систематически выполняет оценку безопасности станции с учетом эксплуатационного опыта и важной новой информации, имеющей отношение к безопасности, которая может поступать из всех соответствующих источников**».

Такие оценки безопасности, обеспечивающие независимую оценку безопасности станции, следует осуществлять силами группы по экспертизе безопасности или независимых экспертов. Оценки безопасности могут включать анализ следующего:

a) показателей безопасности станции и персонала (включая оценочные показатели безопасности; см. пункт 5.22);
b) эксплуатационных пределов и условий и эксплуатационных процедур (и их модификаций);
c) программ технического обслуживания, надзора и инспекций в процессе эксплуатации;
d) отклонений от эксплуатационных пределов и условий и эксплуатации с выходом за рамки эксплуатационных пределов и условий;
e) событий, приводящих к незапланированному останову и другим ожидаемым при эксплуатации событиям;
f) аварий, неисправностей и отказов (и их предвестников);
g) совокупного воздействия отказов и модификаций оборудования, включая временные модификации, на безопасность;
h) последствий модификаций и соответствующих планов испытаний;
i) нестандартных видов деятельности и специальных испытаний;
j) безопасности при проведении остановов;
k) эффективности системы менеджмента и ее реализации в сравнении с лучшей международной практикой, а также влияния изменений в системе менеджмента, включая организационные изменения;
l) реализации корректирующих мер, сформулированных на основе аудитов и рассмотрений.

7.54. Экспертизы безопасности следует проводить достаточно углубленно, с тем чтобы обеспечить удовлетворительное решение всех проблем и вопросов, возникших в ходе экспертизы. Экспертизы безопасности следует проводить силами лиц из персонала, обладающих достаточной квалификацией, опытом, экспертными знаниями и прошедших подготовку по вопросам выполнения углубленной оценки безопасности.

7.55. Как отмечено в пункте 7.53, периодические экспертизы безопасности требуется проводить в течение всего срока эксплуатации станции. Результаты периодических экспертиз безопасности следует использовать, например, для следующих целей:

a) подтверждения возможности безопасной эксплуатации атомной станции (или отдельных узлов на станции) в течении заданного периода времени предстоящей эксплуатации;

b) выявления и оценки факторов, которые могут ограничивать безопасную эксплуатацию в течение заданного периода времени;
c) пересмотра существующей документации по техническому обоснованию безопасности на предмет ее соответствия современным национальным и международным кодексам и нормам и в целях отражения опыта эксплуатации;
d) предоставления исходных данных для изучения возможности длительной эксплуатации;
e) оказания поддержки процессу принятия решения о возобновлении лицензии и/или о длительной эксплуатации.

7.56. Объем и частоту проведения периодической экспертизы безопасности следует либо определять регулирующему органу, либо устанавливать эксплуатирующей организации и затем согласовывать с регулирующим органом. Дальнейшие рекомендации изложены в публикации Серии норм безопасности МАГАТЭ, № SSG-25 «Периодическое рассмотрение безопасности для атомных электростанций» [21].

ФИЗИЧЕСКАЯ ЯДЕРНАЯ БЕЗОПАСНОСТЬ

7.57. Требование 17 публикации SSR-2/2 (Rev. 1) [1] гласит: «**Эксплуатирующая организация обеспечивает соответствие результатов выполнения требований безопасности и требований физической безопасности как целям безопасности, так и целям физической безопасности**».

7.58. Меры ядерной безопасности и меры физической безопасности служат общей цели защиты людей, общества и охраны окружающей среды от радиологических опасностей. Пункт 5.1 публикации SSR-2/2 (Rev. 1) [1] гласит:

> «Физическая безопасность и безопасность рассматриваются как взаимно дополняющие области, так как многие меры по обеспечению одной из них служат также обеспечению другой. Меры безопасности и меры физической безопасности разрабатываются и осуществляются таким образом, чтобы не ставилась под угрозу эффективность выполнения ни одной из них. Эксплуатирующая организация устанавливает механизмы разрешения потенциальных конфликтов и управления областями сопряжения безопасности и физической безопасности».

7.59. Руководящие материалы по физической ядерной безопасности атомных электростанций и сохранности ядерных материалов изложены в публикациях Серии изданий МАГАТЭ по физической ядерной безопасности, в частности в [22–25].

РАДИАЦИОННАЯ ЗАЩИТА

7.60. Требование 20 публикации SSR-2/2 (Rev. 1) [1] гласит: «**Эксплуатирующая организация разрабатывает и осуществляет программу радиационной защиты**». Меры, которые должны быть предусмотрены программой радиационной защиты, указаны в Требовании 24 публикации GSR Part 3 [13]. В программу радиационной защиты следует также включать меры по оценке доз профессионального облучения в соответствии с Требованием 25 публикации GSR Part 3 [13].

7.61. Пункт 5.11 публикации SSR-2/2 (Rev. 1) [1] гласит:

> «Программа радиационной защиты обеспечивает, чтобы при всех эксплуатационных состояниях дозы облучения в результате воздействия ионизирующих излучений на станции или дозы в результате любых плановых сбросов радиоактивного материала со станции сохранялись ниже предписанных пределов и на разумно достижимом низком уровне».

7.62. В связи с программой радиационной защиты на атомной электростанции следует обеспечить возможность получения соответствующей независимой консультационной поддержки по следующим вопросам:

a) технические требования к сертифицированным дозиметрическим лабораториям и лабораториям мониторинга окружающей среды;
b) радиационная защита при вводе в эксплуатацию и эксплуатации, в том числе в аварийных условиях;
c) оценка опыта эксплуатации в рамках деятельности в области радиационной защиты;
d) аспекты радиационной защиты при модификации станции;
e) разработка методов и оборудования для снижения профессионального облучения;
f) методы подтверждения соблюдения нормативных требований в отношении сброса радиоактивных эффлюентов, транспортировки

радиоактивных материалов и обращения с загрязненными отходами на площадке (например, путем сжигания).

7.63. Если эксплуатирующая организация несет ответственность за несколько станций и использует мобильные группы персонала для осуществления определенных функций, то следует осуществлять регистрацию индивидуального профессионального облучения в рамках централизованной системы ведения учета. Аналогичные меры следует применять в случае широкого использования подрядчиков или персонала из других внешних организаций.

7.64. Следует обеспечивать доступность соответствующих медицинских учреждений для проведения необходимых медицинских обследований эксплуатационного персонала (см. пункт 5.15 публикации SSR-2/2 (Rev. 1) [1]), а также для предоставления специальных медицинских консультаций. Следует предусмотреть возможность задействования дополнительных медицинских учреждений и оказания дополнительной медицинской помощи, которая может оказаться необходимой вследствие возникновения аварийных условий.

БЕЗОПАСНОСТЬ ПРИ РАБОТАХ, НЕ СВЯЗАННЫХ С ИСТОЧНИКАМИ ИЗЛУЧЕНИЯ

7.65. Требование 23 публикации SSR-2/2 (Rev. 1) [1] гласит:

> «**Эксплуатирующая организация разрабатывает и осуществляет программу, обеспечивающую сохранение на разумно достижимом низком уровне рисков безопасности, относящихся к не связанным с источниками излучения опасностям, для персонала, участвующего в проведении работ на станции**».

7.66. Следует обеспечивать, чтобы программа безопасности при работах, не связанных с источниками излучения, обеспечивала надлежащий контроль рисков для персонала, участвующего в проведении работ на станции. В этой программе следует предусматривать меры по планированию, организации, осуществлению, мониторингу и рассмотрению соответствующих профилактических и защитных мер. Эксплуатирующей организации следует предоставлять персоналу станции поддержку, руководящие материалы и помощь в области безопасности при работах, не связанных с источниками излучения.

7.67. Эксплуатирующей организации следует установить обязанности персонала по реализации и надзору за реализацией программы по безопасности при работах, не связанных с источниками излучения.

7.68. Пункт 5.26 публикации SSR-2/2 (Rev. 1) [1] гласит:

> «Необходимо, чтобы весь персонал, поставщики, подрядчики и посетители (в надлежащих случаях) проходили подготовку и обладали необходимыми знаниями о программе безопасности при работах, не связанных с источниками излучения, и ее связи с программой ядерной и радиационной безопасности, и выполняли изложенные в ней правила и практические приемы обеспечения безопасности».

ОБРАЩЕНИЕ С РАДИОАКТИВНЫМИ ОТХОДАМИ

7.69. Требование 21 публикации SSR-2/2 (Rev. 1) [1] гласит: «**Эксплуатирующая организация разрабатывает и осуществляет программу обращения с радиоактивными отходами**».

7.70. Для обеспечения удовлетворительного контроля за плановыми радиоактивными выбросами (газообразными и жидкими) с атомной электростанции требуется программа мониторинга радиоактивных эффлюентов (см. пункт 5.19 публикации SSR-2/2 (Rev. 1) [1]).

7.71. Пункт 5.17 публикации SSR-2/2 (Rev. 1) [1] гласит: «Для обеспечения того, чтобы образование радиоактивных отходов сохранялось на минимальном практически достижимом уровне с точки зрения как активности, так и объема, осуществляется соответствующая эксплуатационная практика».

7.72. Дополнительные рекомендации содержатся в публикации Серии норм безопасности МАГАТЭ, № SSG-40 «Обращение с радиоактивными отходами атомных электростанций и исследовательских реакторов перед захоронением» 26].

АВАРИЙНАЯ ГОТОВНОСТЬ

7.73. Требование 18 публикации SSR-2/2 (Rev. 1) [1] гласит: «**Эксплуатирующая организация подготавливает план**

противоаварийных мероприятий, обеспечивающий готовность к ядерной или радиологической аварийной ситуации и реагирование на нее».

7.74. Пункт 5.3 публикации SSR-2/2 (Rev. 1) [1] гласит:

> «Эксплуатирующая организация разрабатывает план аварийных мероприятий и устанавливает необходимую организационную структуру с распределением обязанностей по управлению аварийной ситуацией и участвует разработке аварийных процедур за пределами площадки».

7.75. Согласно требованиям публикации GSR Part 7 [14], план противоаварийных мероприятий должен предусматривать меры в отношении:

a) своевременного обнаружения, классификации, объявления и оповещения о ядерной или радиологической аварийной ситуации;
b) предупреждения об опасности и приведения в действие соответствующим образом подготовленного и квалифицированного персонала для управления ответными действиями, принятия смягчающих мер, оценки аварийной ситуации и защиты людей на площадке, в том числе аварийных работников, и предоставления информации, достаточной для эффективного осуществления аварийного реагирования за пределами площадки;
c) координации между реагированием на площадке и реагированием, осуществляемым организациями за пределами площадки;
d) предоставления информации, достаточной для эффективного реагирования за пределами площадки.

7.76. В плане противоаварийных мероприятий следует также предусматривать все предпринимаемые эксплуатирующей организацией меры, способствующие выполнению обязательств согласно Конвенции о раннем оповещении о ядерной аварии и Конвенции об оказании помощи в случае ядерной аварии или радиационной аварийной ситуации [27].

7.77. Роли и обязанности подрядчиков, которые могут работать на атомной электростанции в аварийной ситуации, следует определять до начала загрузки топлива. Любые работники подрядчика, которым могут быть отведены роли и назначены обязанности по аварийному реагированию, должны быть признаны аварийными работниками заблаговременно до возникновения аварийной ситуации, и в отношении них следует принять необходимые меры защиты, в том числе провести их обучение (см. Требование 11 публикации GSR Part 7 [14]).

7.78. Дополнительные рекомендации по аварийной готовности и реагированию на них содержатся в публикации Серии норм безопасности МАГАТЭ, № GS-G-2.1 «Меры по обеспечению готовности к ядерной или радиологической аварийной ситуации» [28].

УПРАВЛЕНИЕ АВАРИЯМИ

7.79. Требование 19 публикации SSR-2/2 (Rev. 1) [1] гласит: «**Эксплуатирующая организация разрабатывает и периодически проводит рассмотрение и при необходимости пересматривает программу управления авариями**».

7.80. Пункт 5.8 публикации SSR-2/2 (Rev. 1) [1] гласит:

> «Разрабатывается программа управления авариями, охватывающая подготовительные меры, процедуры, руководящие принципы и оборудование, необходимые для предотвращения развития аварий, в том числе большей тяжести, чем проектные аварии, и для смягчения их последствий в случае возникновения».

При разработке программы управления авариями эксплуатирующей организации следует принимать во внимание риски, связанные с маловероятными, но имеющими значительные последствия событиями, которые могут приводить к повреждению активной зоны и/или выбросу и распространению за пределами площадки радиоактивного материала.

7.81. Дальнейшие рекомендации изложены в публикации Серии норм безопасности МАГАТЭ, № SSG-54 «Программы управления авариями на атомных электростанций» [29].

ПРОТИВОПОЖАРНАЯ БЕЗОПАСНОСТЬ

7.82. Требование 22 публикации SSR-2/2 (Rev. 1) [1] гласит: «**Эксплуатирующая организация принимает меры с целью обеспечения противопожарной безопасности**».

7.83. Пункт 5.21 публикации SSR-2/2 (Rev. 1) [1] гласит:

> «Меры по обеспечению противопожарной безопасности, предпринимаемые эксплуатирующей организацией, ..., наряду с прочим, включают следующее:
>
> a) применение принципа глубокоэшелонированной защиты;
> b) контроль за горючими материалами и источниками зажигания, в частности, в периоды остановов;
> c) инспектирование, профилактику и испытание мер противопожарной защиты;
> d) обеспечение возможности ручного тушения пожаров;
> e) распределение обязанностей и подготовка и проведение учений персонала станции;
> f) оценку влияния модификаций станции на меры противопожарной безопасности».

Эти меры следует принимать на основе анализа пожарной опасности, который требуется периодически пересматривать и обновлять (см. пункт 5.22 публикации SSR-2/2 (Rev. 1) [1]).

7.84. Дальнейшие рекомендации изложены в публикации Серии норм безопасности МАГАТЭ, № SSG-77 «Protection Against Internal and External Hazards in the Operation of Nuclear Power Plants» («Защита от внутренних и внешних опасностей при эксплуатации атомных электростанций») [30].

РАБОТА ПЕРСОНАЛА И ПРЕДОТВРАЩЕНИЕ ЧЕЛОВЕЧЕСКИХ ОШИБОК

7.85. Следует обеспечивать и поддерживать надлежащие производственные условия для безопасного и качественного выполнения работ, позволяющие избегать воздействия излишних физических и психологических стрессовых нагрузок на персонал. Пункт 4.29 публикации SSR-2/2 (Rev. 1) [1] гласит:

> «Выявляются и контролируются аспекты производственных условий, влияющие на выполнение работ человеком (такие, как рабочая нагрузка или усталость) и на эффективность персонала и его пригодность к исполнению должностных обязанностей. В поддержку реагирования эксплуатационного персонала по мере необходимости используются инструментальные средства повышения производительности труда».

7.86. Эксплуатирующей организации следует создать соответствующую программу для выявления подобных аспектов производственных условий. Примеры соображений, которые следует рассматривать в рамках такой программы, включают следующее:

a) достаточность имеющихся ресурсов, поддержки и надзора для управления работами и выполнения работ;
b) достаточность освещения, доступа и средств поддержки оператора;
c) достаточность сигналов тревоги с учетом таких факторов, как их количество, расположение, группирование, цветовое кодирование и расстановка приоритетов по слышимости;
d) частота и четкость коммуникаций;
e) наличие подходящих инструментов и оборудования;
f) продолжительность рабочего времени персонала;
g) внимание, которое следует уделять другим факторам, в частности, относящимся к персоналу блочного пункта управления, включая условия обитания, психологические проблемы и проблемы личных отношений, график сменной работы и перерывы на прием пищи;
h) наличие процедур, учитывающих соображения, связанные с человеческим фактором.

7.87. Требуется, чтобы элементы, связанные с работой персонала, были неотъемлемой частью системы менеджмента (см. пункт 3.5 публикации SSR-2/2 (Rev. 1) [1]). Руководителям нижнего и среднего звена следует оказывать активную поддержку реализации программы по работе персонала и поощрять стили работы, способствующие снижению вероятности человеческих ошибок.

7.88. Следует предусматривать, чтобы инструментальные средства обеспечения качественного выполнения работ персоналом оказывали поддержку в отношении:

a) прогнозирования, предотвращения и исправления ошибок в работе;
b) выявления и устранения организационных слабостей, которые могут повышать вероятность человеческих ошибок, путем введения средств защиты от ошибок и управления ими.

7.89. Дальнейшие рекомендации по инструментальным средствам предотвращения человеческих ошибок приведены в пунктах 5.70 и 5.71 публикации SSG-76 [9].

7.90. Следует предусматривать, чтобы программы начальной и непрерывной подготовки персонала включали элементы и практику работы персонала и обеспечивали получение навыков и знаний, необходимых для понимания ситуаций, которые могут приводить к человеческим ошибкам.

7.91. В периодическую экспертизу безопасности требуется включать оценку человеческих факторов (см. требование 11 публикации Серии норм безопасности МАГАТЭ, № GSR Part 4 (Rev. 1) «Оценка безопасности установок и деятельности» [31]). Дополнительные рекомендации приводятся в публикации SSG-25 [21].

УЧЕТ ОПЫТА ЭКСПЛУАТАЦИИ

7.92. Требование 24 публикации SSR-2/2 (Rev. 1) [1] гласит: «**С целью извлечения уроков из событий на станции и событий в ядерной отрасли и других отраслях промышленности во всем мире эксплуатирующая организация разрабатывает программу учета опыта эксплуатации**».

7.93. В программу учета опыта эксплуатации следует включать методы анализа как событий на данной станции, так и событий в ядерной отрасли в целом, с тем чтобы определить меры, необходимые для предотвращения возникновения подобных событий. Требуется осуществлять в рамках национальных и международных систем учета опыта эксплуатации обмен информацией о событиях на данной станции, представляющих интерес для других станций (см. пункт 5.27 публикации SSR-2/2 (Rev. 1) [1]).

7.94. Пункт 5.33 публикации SSR-2/2 (Rev. 1) [1] гласит: «Программа учета опыта эксплуатации подвергается периодической оценке с целью определения ее эффективности и определения любых необходимых усовершенствований».

7.95. Дальнейшие рекомендации по программе учета опыта эксплуатации содержатся в публикации Серии норм безопасности МАГАТЭ, № SSG-50 «Учет опыта эксплуатации ядерных установок» [32].

УПРАВЛЕНИЕ КОНФИГУРАЦИЕЙ СТАНЦИИ И МОДИФИКАЦИИ СТАНЦИИ

7.96. Требование 10 публикации SSR-2/2 (Rev. 1) [1] гласит: «**С целью обеспечения согласованности между проектными требованиями, физической конфигурацией и документацией станции эксплуатирующая организация создает и осуществляет систему управления конфигурацией станции**». Эксплуатирующей организации следует разработать и внедрить такую систему сразу после принятия на себя контроля над станцией.

7.97. От эксплуатирующей организации требуется поддерживать функционирование официально назначенной организации («компетентного проектного органа») (см. пункт 3.2 (f) публикации SSR-2/2 (Rev. 1) [1]). Этой организации следует официально одобрять все изменения на станции. Для этого ей следует обладать достаточными знаниями о проекте и общей основе безопасности. Требуется, чтобы компетентный проектный орган необходимым образом взаимодействовал с «ответственными проектировщиками» (см. пункт 3.5 публикации SSR-2/1 (Rev. 1) [2]) и выполнял ряд задач и функций, как указано в пункте 3.6 публикации SSR-2/1 (Rev. 1) [2], с тем чтобы обеспечить сохранение первоначального назначения проекта.

7.98. Начиная с этапа проектирования станции, следует планировать использование информационных технологий в поддержку процесса управления конфигурацией. Эксплуатирующей организации следует стремиться к получению данных и управлению данными, которые будут использоваться при сооружении, вводе в эксплуатацию, эксплуатации и выводе из эксплуатации. Такие данные следует делать легко доступными для использования на протяжении всего срока службы станции.

7.99. Требование 11 публикации SSR-2/2 (Rev. 1) [1] гласит: «**Эксплуатирующая организация разрабатывает и осуществляет программу управления модификациями**».

7.100. Пункт 4.39 публикации SSR-2/2 (Rev. 1) [1] гласит: «С целью обеспечения надлежащего определения, точного описания, отбора, проектирования, оценки, санкционирования, осуществления и регистрации всех модификаций разрабатывается и осуществляется программа модификаций».

7.101. Пункт 4.43 публикации SSR-2/2 (Rev. 1) [1] гласит: «Перед вводом в эксплуатацию модифицированной станции или возобновлением эксплуатации станции после введения модификаций проводится надлежащая подготовка персонала и обновляются все соответствующие документы, необходимые для эксплуатации станции». Следует также актуализировать программное обеспечение, затрагиваемое станционными модификациями. Дальнейшие рекомендации по разработке и реализации программы модификаций станции изложены в публикации SSG-71 [5].

КОНТРОЛЬ ДОКУМЕНТАЦИИ И ОТЧЕТОВ

7.102. Требование 15 публикации SSR-2/2 (Rev. 1) [1] гласит: «**Эксплуатирующая организация создает и ведет систему контроля документации и отчетов**». Следует предусматривать, чтобы такая система обеспечивала надлежащее управление документацией и другими документами (включая электронные документы), имеющими отношение к безопасной и надежной эксплуатации станции, включая проектные документы, документы по вводу в эксплуатацию и документы, относящиеся к истории эксплуатации станции. В такой документации следует фиксировать все изменения конфигурации станции.

7.103. Повсеместно на станции и в эксплуатирующей организации контроль документации следует осуществлять последовательным и совместимым образом. Это относится к подготовке, рассмотрению, пересмотру, утверждению, выпуску и распространению документации. Следует обеспечивать, чтобы персонал станции получал только корректные, актуализированные версии документов. Все предыдущие версии документов следует надлежащим образом архивировать и хранить для использования в качестве справочных материалов.

7.104. Пункт 4.52 публикации SSR-2/2 (Rev. 1) [1] гласит (сноска опущена):

> «Эксплуатирующая организация определяет оговариваемые регулирующим органом типы документации и отчетов, имеющих отношение к безопасной эксплуатации станции. Необходимо вести регистрацию данных об эксплуатации, в том числе по техническому обслуживанию и надзору, с этапа начальных испытаний во время пуска каждой системы станции, важной для безопасности, включая соответствующие испытания, проводимые вне площадки. Эксплуатационные документы сохраняются в соответствующих

архивах в течение периодов времени, требуемых регулирующим органом. Необходимо, чтобы вся документация была разборчивой, полной, идентифицируемой и легко поддавалась поиску. Сроки хранения документации и отчетов устанавливаются с учетом уровня их важности для целей эксплуатации и лицензирования станции и для будущего снятия с эксплуатации».

7.105. Эксплуатирующей организации следует обеспечивать надлежащие условия хранения (в том числе в отношении противопожарной защиты, физической безопасности, условий окружающей среды, дублирования документации и раздельного хранения) документации, связанной с безопасностью и предназначенной для архивирования.

УПРАВЛЕНИЕ СТАРЕНИЕМ И ДОЛГОСРОЧНАЯ ЭКСПЛУАТАЦИЯ

7.106. Требование 14 публикации SSR-2/2 (Rev. 1) [1] гласит:

«**С целью обеспечения выполнения требуемых функций безопасности систем, конструкций и элементов в течение всего срока эксплуатации станции эксплуатирующая организация организует осуществление эффективной программы управления старением**».

7.107. Требование 16 публикации SSR-2/2 (Rev. 1) [1] гласит:

«**В надлежащих случаях эксплуатирующая организация разрабатывает и осуществляет всеобъемлющую программу обеспечения долгосрочной безопасной эксплуатации станции в течение срока, превышающего установленный в условиях лицензии, проектных пределах, нормах безопасности и/или регулирующих положениях**».

7.108. Если рассматривается возможность эксплуатации за пределами первоначального проектного срока службы, эксплуатирующей организации следует разработать политические документы, определить специализированные организационные структуры и подготовить планы действий для проведения оценок в отношении долгосрочной эксплуатации. Их следует разработать задолго до начала долгосрочной эксплуатации станции. Эксплуатирующей организации следует точно определить, что входит в объем оценок для долгосрочной эксплуатации, и оценить текущее физическое состояние соответствующих конструкций, систем и элементов на этапе подготовки к долгосрочной эксплуатации. Более подробные рекомендации содержатся в публикации Серии норм безопасности МАГАТЭ, № SSG-48 «Управление старением и разработка программы долгосрочной эксплуатации атомных электростанций» [33].

ПОДГОТОВКА К ВЫВОДУ ИЗ ЭКСПЛУАТАЦИИ

7.109. Требование 33 публикации SSR-2/2 (Rev. 1) [1] гласит:

> «**Если регулирующим органом не утверждено иное, эксплуатирующая организация подготавливает и сохраняет в силе на протяжении всего жизненного цикла станции план вывода из эксплуатации с целью продемонстрировать, что вывод из эксплуатации может быть выполнен безопасно и таким образом, что достигается заданное конечное состояние**».

7.110. Первоначальный план вывода из эксплуатации требуется подготовить на стадии проектирования атомной электростанции и представить в регулирующий орган вместе с заявкой на получение лицензии на эксплуатацию (см. пункт 7.4 публикации Серии норм безопасности МАГАТЭ, № GSR Part 6 «Вывод из эксплуатации установок» [34]). Этот первоначальный план требуется необходимым образом корректировать в процессе эксплуатации станции на основе опыта эксплуатации и последних достижений в области методов вывода из эксплуатации (см. пункт 7.5 публикации GSR Part 6 [34]).

7.111. Все организационные изменения, произошедшие в течение периода подготовки к выводу из эксплуатации, в том числе изменения взаимодействия с внешними организациями (см. раздел 4), а также изменения ролей и обязанностей эксплуатационного персонала следует отражать в организационной структуре.

7.112. Эксплуатирующей организации следует обеспечивать наличие достаточных ресурсов (включая финансовые ресурсы, персонал, оборудование и время) для надлежащего управления процессом перехода станции от эксплуатации к выводу из эксплуатации.

7.113. Пункт 9.2 публикации SSR-2/2 (Rev. 1) [1] гласит:

«С целью обеспечения наличия достаточного числа мотивированного и квалифицированного персонала, осуществляющего безопасную эксплуатацию станции вплоть до заключительного останова, безопасным образом выполняющего комплекс работ в период подготовки к снятию с эксплуатации и безопасным образом выполняющего комплекс работ по снятию станции с эксплуатации, разрабатывается программа кадровых ресурсов».

7.114. Дополнительные общие требования к выводу из эксплуатации изложены в публикации GSR Part 6 [34], а конкретные рекомендации приведены в публикации Серии норм безопасности МАГАТЭ, № SSG-47 «Вывод из эксплуатации атомных электростанций, исследовательских реакторов и других установок ядерного топливного цикла» [35].

СПИСОК ИСПОЛЬЗОВАННЫХ ИСТОЧНИКОВ

[1] МЕЖДУНАРОДНОЕ АГЕНТСТВО ПО АТОМНОЙ ЭНЕРГИИ, Безопасность атомных электростанций: ввод в эксплуатацию и эксплуатация, Серия норм безопасности МАГАТЭ, № SSR-2/2 (Rev. 1), МАГАТЭ, Вена (2017).

[2] INTERNATIONAL ATOMIC ENERGY AGENCY, Safety of Nuclear Power Plants: Design, IAEA Safety Standards Series No. SSR-2/1 (Rev. 1), IAEA, Vienna (2016).

[3] МЕЖДУНАРОДНОЕ АГЕНТСТВО ПО АТОМНОЙ ЭНЕРГИИ, Лидерство и менеджмент для обеспечения безопасности, Серия норм безопасности МАГАТЭ, № GSR Part 2, МАГАТЭ, Вена (2017).

[4] INTERNATIONAL ATOMIC ENERGY AGENCY, Operational Limits and Conditions and Operating Procedures for Nuclear Power Plants, IAEA Safety Standards Series No. SSG-70, IAEA, Vienna (в печати).

[5] INTERNATIONAL ATOMIC ENERGY AGENCY, Modifications to Nuclear Power Plants, IAEA Safety Standards Series No. SSG-71, IAEA, Vienna (в печати).

[6] INTERNATIONAL ATOMIC ENERGY AGENCY, Core Management and Fuel Handling for Nuclear Power Plants, IAEA Safety Standards Series No. SSG-73, IAEA, Vienna (в печати).

[7] INTERNATIONAL ATOMIC ENERGY AGENCY, The Operating Organization for Nuclear Power Plants, IAEA Safety Standards Series No. SSG-74, IAEA, Vienna (в печати).

[8] INTERNATIONAL ATOMIC ENERGY AGENCY, Recruitment, Qualification and Training of Personnel for Nuclear Power Plants, IAEA Safety Standards Series No. SSG-75, IAEA, Vienna (в печати).

[9] INTERNATIONAL ATOMIC ENERGY AGENCY, Conduct of Operations at Nuclear Power Plants, IAEA Safety Standards Series No. SSG-76, IAEA, Vienna (в стадии печати).

[10] МЕЖДУНАРОДНОЕ АГЕНТСТВО ПО АТОМНОЙ ЭНЕРГИИ, Глоссарий МАГАТЭ по вопросам безопасности: терминология, используемая в области ядерной безопасности и радиационной защиты, издание 2018 года, МАГАТЭ, Вена (2019).

[11] INTERNATIONAL ATOMIC ENERGY AGENCY, Governmental, Legal and Regulatory Framework for Safety, IAEA Safety Standards Series No. GSR Part 1 (Rev. 1), IAEA, Vienna (2016).

[12] МЕЖДУНАРОДНОЕ АГЕНТСТВО ПО АТОМНОЙ ЭНЕРГИИ, Система управления для ядерных установок, № GS-G-3.5, МАГАТЭ, Вена (2014).

[13] АГЕНТСТВО ПО ЯДЕРНОЙ ЭНЕРГИИ ОЭСР, ВСЕМИРНАЯ ОРГАНИЗАЦИЯ ЗДРАВООХРАНЕНИЯ, ЕВРОПЕЙСКАЯ КОМИССИЯ, МЕЖДУНАРОДНАЯ ОРГАНИЗАЦИЯ ТРУДА, МЕЖДУНАРОДНОЕ АГЕНТСТВО ПО АТОМНОЙ ЭНЕРГИИ, ПАНАМЕРИКАНСКАЯ ОРГАНИЗАЦИЯ ЗДРАВООХРАНЕНИЯ, ПРОГРАММА ОРГАНИЗАЦИИ ОБЪЕДИНЕННЫХ НАЦИЙ ПО ОКРУЖАЮЩЕЙ СРЕДЕ, ПРОДОВОЛЬСТВЕННАЯ И СЕЛЬСКОХОЗЯЙСТВЕННАЯ ОРГАНИЗАЦИЯ ОБЪЕДИНЕННЫХ НАЦИЙ, Радиационная защита и безопасность источников излучения: Международные основные нормы безопасности, Серия норм безопасности МАГАТЭ, № GSR Part 3, МАГАТЭ, Вена (2015).

[14] АГЕНТСТВО ПО ЯДЕРНОЙ ЭНЕРГИИ ОЭСР, ВСЕМИРНАЯ МЕТЕОРОЛОГИЧЕСКАЯ ОРГАНИЗАЦИЯ, ВСЕМИРНАЯ ОРГАНИЗАЦИЯ ЗДРАВООХРАНЕНИЯ, ИНТЕРПОЛ, МЕЖДУНАРОДНАЯ МОРСКАЯ ОРГАНИЗАЦИЯ, МЕЖДУНАРОДНАЯ ОРГАНИЗАЦИЯ ГРАЖДАНСКОЙ АВИАЦИИ, МЕЖДУНАРОДНАЯ ОРГАНИЗАЦИЯ ТРУДА, МЕЖДУНАРОДНОЕ АГЕНТСТВО ПО АТОМНОЙ ЭНЕРГИИ, ПАНАМЕРИКАНСКАЯ ОРГАНИЗАЦИЯ ЗДРАВООХРАНЕНИЯ, ПОДГОТОВИТЕЛЬНАЯ КОМИССИЯ ОРГАНИЗАЦИИ ПО ДОГОВОРУ О ВСЕОБЪЕМЛЮЩЕМ ЗАПРЕЩЕНИИ ЯДЕРНЫХ ИСПЫТАНИЙ, ПРОГРАММА ОРГАНИЗАЦИИ ОБЪЕДИНЕННЫХ НАЦИЙ ПО ОКРУЖАЮЩЕЙ СРЕДЕ, ПРОДОВОЛЬСТВЕННАЯ И СЕЛЬСКОХОЗЯЙСТВЕННАЯ ОРГАНИЗАЦИЯ ОБЪЕДИНЕННЫХ НАЦИЙ, УПРАВЛЕНИЕ ОРГАНИЗАЦИИ ОБЪЕДИНЕННЫХ НАЦИЙ ПО КООРДИНАЦИИ ГУМАНИТАРНЫХ ВОПРОСОВ, Готовность и реагирование в случае ядерной или радиологической аварийной ситуации, Серия норм безопасности МАГАТЭ, № GSR Part 7, МАГАТЭ, Вена (2016).

[15] АГЕНТСТВО ПО ЯДЕРНОЙ ЭНЕРГИИ ОЭСР, МЕЖДУНАРОДНОЕ АГЕНТСТВО ПО АТОМНОЙ ЭНЕРГИИ, ИНЕС: Руководство для пользователей международной шкалы ядерных и радиологических событий, издание 2008 года, МАГАТЭ, Вена (2010). (Готовится пересмотренный вариант этой публикации.)

[16] WORLD ASSOCIATION OF NUCLEAR OPERATORS, Independent Oversight, WANO GL 2018-01, WANO, London (2018).

[17] МЕЖДУНАРОДНОЕ АГЕНТСТВО ПО АТОМНОЙ ЭНЕРГИИ, Ввод в эксплуатацию атомных электростанций, Серия норм безопасности МАГАТЭ, № SSG-28, МАГАТЭ, Вена (2016).

[18] МЕЖДУНАРОДНОЕ АГЕНТСТВО ПО АТОМНОЙ ЭНЕРГИИ, Разработка и применение вероятностной оценки безопасности уровня 1 для атомных электростанций, Серия норм безопасности МАГАТЭ, № SSG-3, МАГАТЭ, Вена (2014). (Готовится пересмотренный вариант этой публикации.)

[19] INTERNATIONAL ATOMIC ENERGY AGENCY, Equipment Qualification for Nuclear Installations, IAEA Safety Standards Series No. SSG-69, IAEA, Vienna (2021).

[20] МЕЖДУНАРОДНОЕ АГЕНТСТВО ПО АТОМНОЙ ЭНЕРГИИ, Программа по водно-химическому режиму для атомных электростанций с водоохлаждаемыми реакторами, Серия норм безопасности МАГАТЭ, № SSG-13, МАГАТЭ, Вена (2014).

[21] МЕЖДУНАРОДНОЕ АГЕНТСТВО ПО АТОМНОЙ ЭНЕРГИИ, Периодическое рассмотрение безопасности атомных электростанций, Серия норм безопасности МАГАТЭ, № SSG-25, МАГАТЭ, Вена (2016).

[22] МЕЖДУНАРОДНОЕ АГЕНТСТВО ПО АТОМНОЙ ЭНЕРГИИ, Рекомендации по физической ядерной безопасности, касающиеся физической защиты ядерных материалов и ядерных установок (INFCIRC/225/Revision 5), Серия изданий МАГАТЭ по физической ядерной безопасности, № 13, МАГАТЭ, Вена (2012).

[23] INTERNATIONAL ATOMIC ENERGY AGENCY, Establishing the Nuclear Security Infrastructure for a Nuclear Power Programme, IAEA Nuclear Security Series No. 19, IAEA, Vienna (2013).

[24] МЕЖДУНАРОДНОЕ АГЕНТСТВО ПО АТОМНОЙ ЭНЕРГИИ, Физическая защита ядерного материала и ядерных установок (практическое применение рекомендаций INFCIRC/225/Revision 5), Серия изданий МАГАТЭ по физической ядерной безопасности, № 27-G, МАГАТЭ, Вена (2022).

[25] INTERNATIONAL ATOMIC ENERGY AGENCY, Computer Security Techniques for Nuclear Facilities, IAEA Nuclear Security Series No. 17-T (Rev. 1), IAEA, Vienna (2021).

[26] МЕЖДУНАРОДНОЕ АГЕНТСТВО ПО АТОМНОЙ ЭНЕРГИИ, Обращение с радиоактивными отходами атомных электростанций и исследовательских реакторов перед захоронением, Серия норм безопасности МАГАТЭ, SSG-40, МАГАТЭ, Вена (2023).

[27] МЕЖДУНАРОДНОЕ АГЕНТСТВО ПО АТОМНОЙ ЭНЕРГИИ, Конвенция об оперативном оповещении о ядерной аварии и Конвенция о помощи в случае ядерной аварии или радиационной аварийной ситуации, Юридическая серия, № 14, МАГАТЭ, Вена (1990).

[28] ВСЕМИРНАЯ ОРГАНИЗАЦИЯ ЗДРАВООХРАНЕНИЯ, МЕЖДУНАРОДНАЯ ОРГАНИЗАЦИЯ ТРУДА, МЕЖДУНАРОДНОЕ АГЕНТСТВО ПО АТОМНОЙ ЭНЕРГИИ, ПАНАМЕРИКАНСКАЯ ОРГАНИЗАЦИЯ ЗДРАВООХРАНЕНИЯ, ПРОДОВОЛЬСТВЕННАЯ И СЕЛЬСКОХОЗЯЙСТВЕННАЯ ОРГАНИЗАЦИЯ ОБЪЕДИНЕННЫХ НАЦИЙ, УПРАВЛЕНИЕ ОРГАНИЗАЦИИ ОБЪЕДИНЕННЫХ НАЦИЙ ПО КООРДИНАЦИИ ГУМАНИТАРНЫХ ВОПРОСОВ, Меры по обеспечению готовности к ядерной или радиологической аварийной ситуации, Серия норм безопасности МАГАТЭ, № GS-G-2.1, МАГАТЭ, Вена (2016). (Готовится пересмотренный вариант этой публикации.)

[29] МЕЖДУНАРОДНОЕ АГЕНТСТВО ПО АТОМНОЙ ЭНЕРГИИ, Программы управления авариями на атомных электростанциях, Серия норм безопасности МАГАТЭ, № SSG-54, МАГАТЭ, Вена (2023).

[30] МЕЖДУНАРОДНОЕ АГЕНТСТВО ПО АТОМНОЙ ЭНЕРГИИ, Защита от внутренних и внешних опасностей при эксплуатации атомных электростанций, Серия норм безопасности МАГАТЭ, №. SSG-77, МАГАТЭ, Вена (2024).

[31] МЕЖДУНАРОДНОЕ АГЕНТСТВО ПО АТОМНОЙ ЭНЕРГИИ, Оценка безопасности установок и деятельности, Серия норм безопасности МАГАТЭ, № GSR Part 4 (Rev. 1), МАГАТЭ, Вена (2016).

[32] МЕЖДУНАРОДНОЕ АГЕНТСТВО ПО АТОМНОЙ ЭНЕРГИИ, Учет опыта эксплуатации ядерных установок, Серия норм безопасности МАГАТЭ. № SSG-50, МАГАТЭ, Вена (2022).

[33] МЕЖДУНАРОДНОЕ АГЕНТСТВО ПО АТОМНОЙ ЭНЕРГИИ, Управление старением и разработка программы долгосрочной эксплуатации атомных электростанций, Серия норм безопасности МАГАТЭ, № SSG-48, МАГАТЭ, Вена (2023).

[34] МЕЖДУНАРОДНОЕ АГЕНТСТВО ПО АТОМНОЙ ЭНЕРГИИ, Вывод из эксплуатации установок, Серия норм безопасности МАГАТЭ, № GSR Part 6, МАГАТЭ, Вена (2015).

[35] МЕЖДУНАРОДНОЕ АГЕНСТВО ПО АТОМНОЙ ЭНЕРГИИ, Вывод из эксплуатации атомных электростанций, исследовательских реакторов и других установок ядерного топливного цикла, Серия норм безопасности МАГАТЭ, № SSG-47, МАГАТЭ, Вена (2023).

Приложение

ИНСТРУМЕНТЫ ДЛЯ ОБЕСПЕЧЕНИЯ НЕПРЕРЫВНОГО СОВЕРШЕНСТВОВАНИЯ

A–1. Эксплуатирующие организации могут воспользоваться преимуществами, которые дает применение набора инструментов, направленных на обеспечение непрерывного совершенствования. К таким инструментам относятся программа корректирующих мер, программы самооценки и бенчмаркинга, программа учета опыта эксплуатации, программа наблюдения, оценка эффективности функционирования и выявление тенденций и оценочные показатели. Свой вклад в непрерывное совершенствование вносят также независимые надзорные организации, комитеты по безопасности, регулирующие органы и такие организации, как МАГАТЭ и Всемирная ассоциация организаций, эксплуатирующих АЭС (ВАО АЭС). В совокупности они представляют собой средства, с помощью которых эксплуатирующая организация может оценивать эффективность и обеспечивать непрерывное совершенствование в соответствии с Требованием 13 публикации Серии норм безопасности МАГАТЭ, № GSR, Part 2 «Лидерство и менеджмент для обеспечения безопасности» [A–1], и Требованием 9 публикации Серии норм безопасности МАГАТЭ, № SSR-2/2 (Rev. 1) «Безопасность атомных электростанций: ввод в эксплуатацию и эксплуатация» [A–2].

ПРОГРАММА КОРРЕКТИРУЮЩИХ МЕР

A–2. Общая цель программы корректирующих мер заключается в выявлении, документировании и оценке проблем, связанных с эффективностью, а также в разработке и реализации соответствующих корректирующих мер. Программа корректирующих мер реализует официальный, строгий и четко определенный процесс, обеспечивающий тщательное решение важных вопросов.

ПРОГРАММА УЧЕТА ОПЫТА ЭКСПЛУАТАЦИИ

A–3. Программа учета опыта эксплуатации (см. Требование 24 публикации SSR-2/2 (Rev. 1) [A–2]) предназначена для действенного и эффективного использования уроков, извлеченных из внутреннего и внешнего опыта эксплуатации с целью повышения безопасности и надежности станции путем изучения, подготовки кадров и совершенствования станции и эксплуатационных процедур.

ПРОГРАММА НАБЛЮДЕНИЯ

A–4. Проводя наблюдения, руководители среднего и младшего звена и отдельные сотрудники непосредственно видят, что происходит на станции. Тем самым постоянно и внимательно оцениваются такие вопросы, как качество индивидуального выполнения и контроля работ, приверженность соблюдению стандартов и требований руководства, эффективность административных процессов, процедур и подготовки персонала, а также лидерство для обеспечения безопасности и культура безопасности в организации. Наблюдения также позволяют оценить эффективность действий по улучшению работы.

ПРОГРАММА САМООЦЕНКИ

A–5. Целью программы самооценки является выявление достижений и реагирование на любое ухудшение показателей безопасности (см. пункт 4.34 публикации SSR-2/2 (Rev. 1) [A–2]). В ходе самооценки текущие показатели сравниваются с ожиданиями руководства, наилучшей практикой в отрасли и нормативными требованиями, с тем чтобы выявить сильные и слабые стороны и возможности улучшения.

ОЦЕНКА ЭФФЕКТИВНОСТИ ФУНКЦИОНИРОВАНИЯ И ВЫЯВЛЕНИЕ ТЕНДЕНЦИЙ

A–6. Оценка эффективности функционирования и выявление тенденций — это проактивная аналитическая деятельность, приводящая к заблаговременному выявлению производственных пробелов. Это позволяет организации устранить проблему до того, как она приведет к серьезным последствиям или значительным организационным сбоям.

A–7. Оценка эффективности функционирования и выявление тенденций предполагают коллективный анализ информации, полученной в результате широкого спектра мероприятий по мониторингу эффективности. Оценка эффективности функционирования может быть использована для формирования или корректировки планов мероприятий по развитию у персонала единого понимания задач организации и обеспечения выполнения этих задач. В частности, она может быть сфокусирована на наиболее существенных недостатках в работе, которые, если их эффективно устранить, окажут наибольшее влияние на эффективность функционирования.

ОЦЕНОЧНЫЕ ПОКАЗАТЕЛИ

А–8. Набор измеримых и объективных показателей, представляющих собой показатели безопасности, может позволить старшим административным руководителям выявлять случаи снижения эффективности функционирования и/или тенденции к ее снижению, анализировать ситуацию и затем принимать меры с целью ее повышения (см. пункт 4.34 публикации SSR-2/2 (Rev. 1) [А–2]).

БЕНЧМАРКИНГ

А–9. Для определения потенциальных улучшений организации могут использовать внутренний и внешний бенчмаркинг (см. пункт 3.30 публикации Серии норм безопасности МАГАТЭ, № GS-G-3.5 «Система управления для ядерных установок» [А–3]). Бенчмаркинг может обеспечить извлечение эксплуатирующей организацией уроков из опыта и положительной практики других организаций как в ядерной отрасли, так и за ее пределами.

НЕЗАВИСИМЫЙ НАДЗОР ЗА БЕЗОПАСНОСТЬЮ

А–10. Независимый надзор за безопасностью обеспечивает оценку и отчетность о менеджменте для обеспечения безопасности посредством официальных аудитов, надзора, независимой технической экспертизы и инспекций контроля качества. Независимый надзор за безопасностью повышает безопасность путем оказания влияния на поведение организации в результате выполнения следующих действий:

а) проверки достижения целей безопасности и соблюдения нормативных требований;

b) консультирования старшего административного руководства о состоянии показателей безопасности, любых значительных тенденциях в этой области и об основных проблемах, препятствующих достижению результатов;
c) обеспечения готовности к проведению по запросу руководства независимых экспертиз и анализа;
d) проведения независимых оценок по вопросам эффективности функционирования, важным для безопасности.

A–11. Информация, полученная в ходе независимого надзора за безопасностью, используется для предоставления старшему административному руководству независимого мнения об эффективности функционирования и для выявления вопросов, требующих повышенного внимания со стороны руководства (см. пункты 6.4 и 6.5 публикации GSR Part 2 [A–1]).

КОМИТЕТ ПО БЕЗОПАСНОСТИ

A–12. Комитет по безопасности (см. пункт 5.27) обеспечивает независимую экспертизу эффективности функционирования и видов деятельности, связанных с безопасной эксплуатацией станции. В состав комитетов по безопасности входят старшие административные руководители и консультанты, обладающие обширным опытом работы на атомных электростанциях или в других отраслях промышленности.

СПИСОК ИСПОЛЬЗОВАННЫХ ИСТОЧНИКОВ К ПРИЛОЖЕНИЮ

[A–1] МЕЖДУНАРОДНОЕ АГЕНТСТВО ПО АТОМНОЙ ЭНЕРГИИ, Лидерство и менеджмент для обеспечения безопасности, Серия норм безопасности МАГАТЭ, № GSR Part 2, МАГАТЭ, Вена (2017).

[A–2] МЕЖДУНАРОДНОЕ АГЕНТСТВО ПО АТОМНОЙ ЭНЕРГИИ, Безопасность атомных электростанций: ввод в эксплуатацию и эксплуатация, Серия норм безопасности МАГАТЭ, № SSR-2/2 (Rev. 1), МАГАТЭ, Вена (2017).

[A–3] МЕЖДУНАРОДНОЕ АГЕНТСТВО ПО АТОМНОЙ ЭНЕРГИИ, Система управления для ядерных установок, Серия норм безопасности МАГАТЭ, № GS-G-3.5, МАГАТЭ, Вена (2014).

СОСТАВИТЕЛИ И РЕЦЕНЗЕНТЫ

Andersson, O.	консультант, Швеция
Asfaw, K.	Международное агентство по атомной энергии
Bassing, G.	консультант, Германия
Cavellec, R.	Международное агентство по атомной энергии
Depas, V.	«Энжи Электрабель», Бельгия
Lipar, M.	консультант, Словакия
Nikolaki, M.	Международное агентство по атомной энергии
Noël, M.	Объединенный исследовательский центр Европейской комиссии, Бельгия
Рангелова, В.	Международное агентство по атомной энергии
Shaw, P.	Международное агентство по атомной энергии
Тарарин, А.	Росэнергоатом, Российская Федерация
Vaišnys, P.	консультант, Австрия

24-04177R-T